과학탐구 영역 (생명과학 I)

제 4 교시

1

| 성명 | | 수험 번호 | | | | | — | | | | | 제〔 〕선택 |

---

1. 표는 생물의 특성의 예를 나타낸 것이다. (가)~(다)는 자극에 대한 반응, 적응과 진화, 항상성을 순서 없이 나타낸 것이다.

생물의 특성	예
(가)	?
(나)	사람의 무릎뼈 아래를 망치로 치면 ㉠ 무릎 반사가 일어난다.
(다)	혈중 포도당 농도가 감소하면 ⓐ 글루카곤의 분비가 촉진된다.

이에 대한 설명으로 옳은 것만을 〈보기〉에서 있는 대로 고른 것은?

〈보 기〉
ㄱ. '살충제를 사용한 후 살충제 저항성을 가진 바퀴벌레가 나타난다.'는 (가)의 예에 해당한다.
ㄴ. ㉠의 중추는 연수이다.
ㄷ. ⓐ는 이자의 β 세포에서 분비된다.

① ㄱ   ② ㄷ   ③ ㄱ, ㄴ   ④ ㄴ, ㄷ   ⑤ ㄱ, ㄴ, ㄷ

2. 다음은 3가지 질병 A~C에 대한 자료이다. A~C는 파상풍, 홍역, 무좀을 순서 없이 나타낸 것이다.

(가) A와 B의 병원체는 세포 분열을 통해 증식한다.
(나) B와 C의 병원체는 핵막이 없다.

이에 대한 설명으로 옳은 것만을 〈보기〉에서 있는 대로 고른 것은?

〈보 기〉
ㄱ. A는 모기를 매개로 감염된다.
ㄴ. B의 병원체는 세포막을 가진다.
ㄷ. C의 병원체는 독립적으로 물질대사를 한다.

① ㄱ   ② ㄴ   ③ ㄷ   ④ ㄱ, ㄴ   ⑤ ㄴ, ㄷ

3. 그림 (가)는 어떤 식물 A의 온도에 따른 호흡량과 총생산량을 나타낸 것이고, 그림 (나)는 생물 A가 살고 있는 지역의 기온을 시간에 따라 나타낸 것이다.

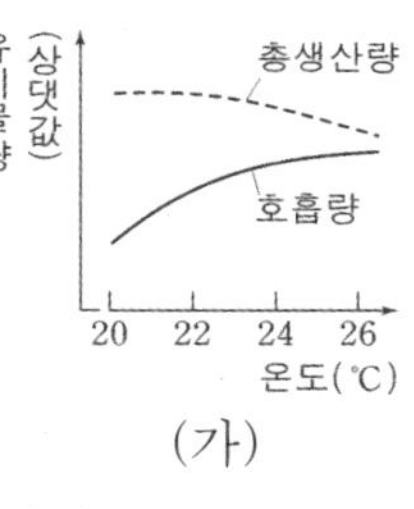
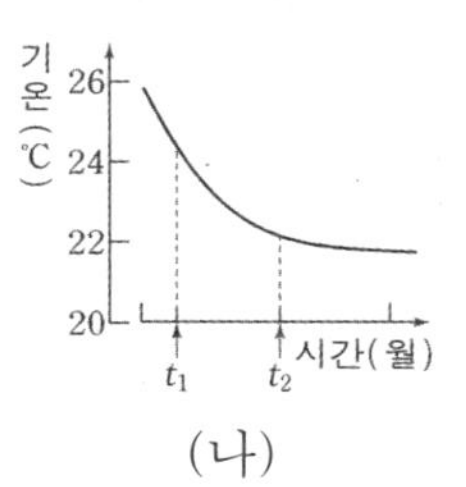

이에 대한 설명으로 옳은 것만을 〈보기〉에서 있는 대로 고른 것은? (단, 제시된 조건 이외는 고려하지 않는다.) [3점]

〈보 기〉
ㄱ. 순생산량은 t_1일 때가 t_2일 때보다 크다.
ㄴ. 온도 변화에 따른 호흡량 변화는 t_1일 때가 t_2일 때보다 크다.
ㄷ. 온도에 따라 A의 호흡량이 달라지는 것은 비생물적 요인이 생물에 영향을 미치는 예에 해당한다.

① ㄱ   ② ㄷ   ③ ㄱ, ㄴ   ④ ㄴ, ㄷ   ⑤ ㄱ, ㄴ, ㄷ

4. 표는 사람의 3가지 기관계 각각에 속하는 기관의 예를 나타낸 것이다. A와 B는 각각 배설계와 호흡계 중 하나이며, ㉠과 ㉡은 각각 심장과 콩팥 중 하나이다.

기관계	기관계의 예
순환계	㉠
A	폐
B	㉡

이에 대한 설명으로 옳은 것만을 〈보기〉에서 있는 대로 고른 것은?

〈보 기〉
ㄱ. ㉠은 심장이다.
ㄴ. 대장은 B에 속한다.
ㄷ. ㉡에서 암모니아가 요소로 전환된다.

① ㄱ   ② ㄴ   ③ ㄷ   ④ ㄱ, ㄴ   ⑤ ㄱ, ㄷ

5. 그림 (가)는 동물 P($2n=4$)의 체세포 분열 과정에서 핵 1개당 DNA 상대량을, (나)는 이 체세포 분열 과정에서 시간에 따른 염색체 사이의 거리와 어떤 방추사의 길이를 나타낸 것이다. ㉠과 ㉡은 각각 염색체 사이의 거리와 방추사의 길이 중 하나이다.

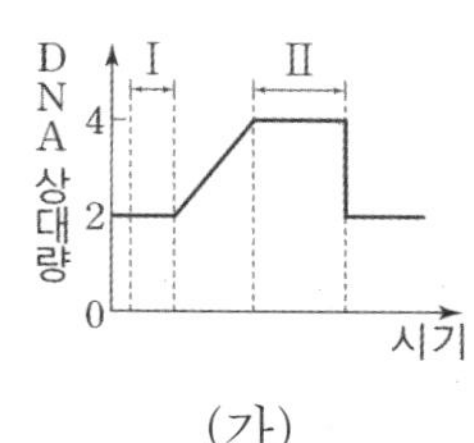
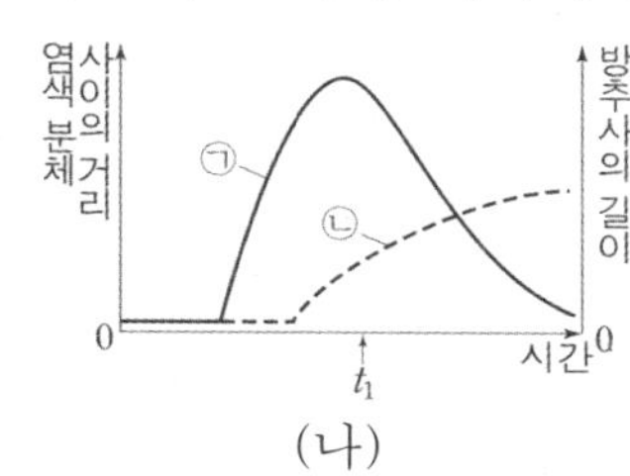

이에 대한 설명으로 옳은 것만을 〈보기〉에서 있는 대로 고른 것은? (단, 돌연변이는 고려하지 않는다.) [3점]

〈보 기〉
ㄱ. ㉠은 염색체 사이의 거리이다.
ㄴ. t_1일 때 해당하는 세포는 구간 Ⅱ에서가 구간 Ⅰ에서보다 많다.
ㄷ. Ⅰ과 Ⅱ 시기의 세포에는 모두 뉴클레오솜이 있다.

① ㄱ   ② ㄷ   ③ ㄱ, ㄴ   ④ ㄴ, ㄷ   ⑤ ㄱ, ㄴ, ㄷ

6. 그림은 정상인의 혈중 항이뇨 호르몬(ADH) 농도에 따른 ㉠을 나타낸 것이다. ㉠은 오줌 삼투압과 단위 시간당 오줌 생성량 중 하나이다.

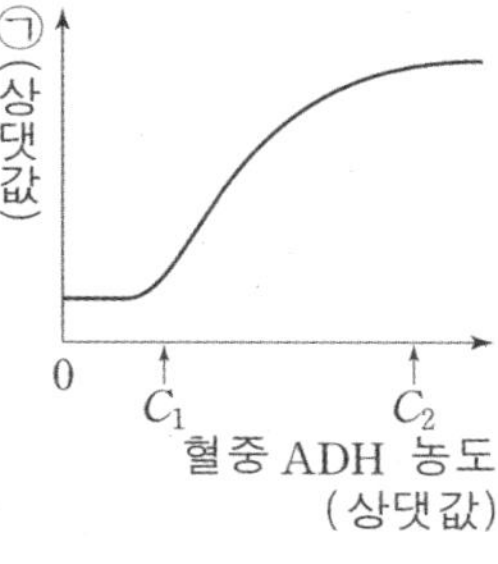

이에 대한 설명으로 옳은 것만을 〈보기〉에서 있는 대로 고른 것은? (단, 제시된 조건 이외에 체내 수분량에 영향을 미치는 요인은 없다.)

〈보 기〉
ㄱ. 시상 하부는 ADH 분비를 조절한다.
ㄴ. ㉠은 오줌 삼투압이다.
ㄷ. 단위 시간당 콩팥에서의 수분 재흡수량은 C_1일 때가 C_2일 때보다 많다.

① ㄱ   ② ㄷ   ③ ㄱ, ㄴ   ④ ㄴ, ㄷ   ⑤ ㄱ, ㄴ, ㄷ

생명과학 I

7. 그림 (가)는 사람 P의 홍채 X의 크기에 따른 동공의 크기를, (나)는 P가 공간 ⓐ에서 ⓑ로 이동할 때, 시간에 따른 X의 크기 변화를 나타낸 것이다. ⓐ와 ⓑ에서 빛의 세기가 서로 다르다.

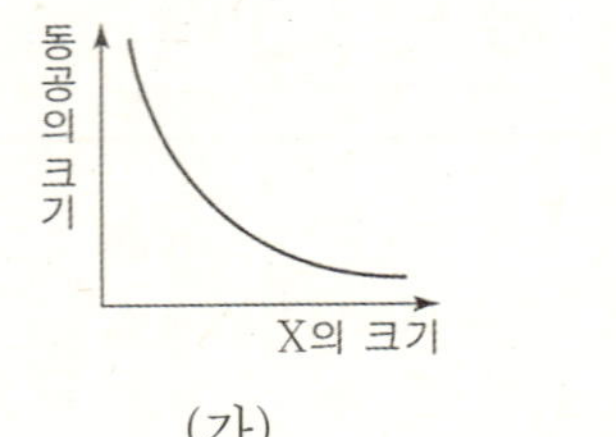 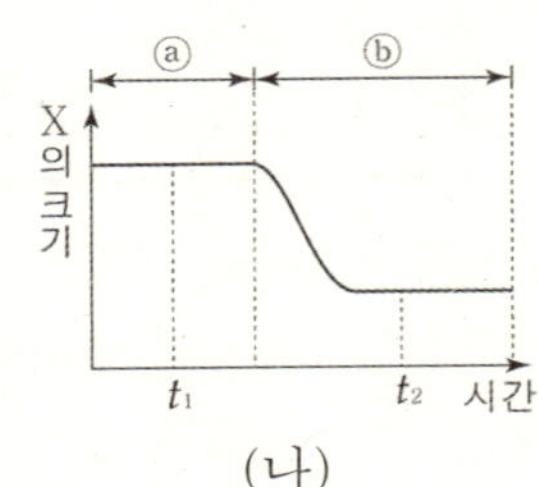

(가)　　　　　(나)

이에 대한 설명으로 옳은 것만을 〈보기〉에서 있는 대로 고른 것은?

〈보 기〉
ㄱ. 동공 크기 조절의 중추는 중간뇌이다.
ㄴ. ⓑ에서보다 ⓐ에서 빛의 세기가 세다.
ㄷ. X에 연결된 자율 신경 중 신경 세포체가 척수에 있는 신경의 활동 전위 발생 빈도는 t_2일 때가 t_1일 때보다 낮다.

① ㄱ　② ㄷ　③ ㄱ, ㄴ　④ ㄴ, ㄷ　⑤ ㄱ, ㄴ, ㄷ

8. 사람에서 일어나는 물질대사에 대한 설명으로 옳은 것만을 〈보기〉에서 있는 대로 고른 것은? [3점]

〈보 기〉
ㄱ. 지방이 세포 호흡에 의해 분해되어 생성되는 노폐물에는 물이 있다.
ㄴ. 단백질이 합성되는 과정에서 동화 작용이 일어난다.
ㄷ. 포도당의 화학 에너지 일부는 세포 호흡에 의해 ATP의 화학 에너지로 저장된다.

① ㄴ　② ㄷ　③ ㄱ, ㄴ　④ ㄱ, ㄷ　⑤ ㄱ, ㄴ, ㄷ

9. 다음은 사람의 유전 형질 (가)~(다)에 대한 자료이다.

○ (가)~(다)의 유전자는 서로 다른 3개의 상염색체에 있다.
○ (가)는 대립유전자 A와 A*에 의해, (나)는 대립유전자 B와 B*에 의해 결정된다.
○ (가)와 (나) 중 한 형질을 결정하는 대립유전자 사이의 우열 관계는 분명하고, 나머지 한 형질을 결정하는 대립유전자 사이의 우열 관계는 분명하지 않고 유전자형이 다르면 표현형이 다르다.
○ (다)는 1쌍의 대립유전자에 의해 결정되며, 대립유전자에는 D, E, F, G가 있고, (다)의 유전자형이 DD인 사람과 DF인 사람의 표현형은 같다. (다)의 표현형은 5가지이다.
○ 유전자형이 ⓐ AADE인 아버지와 AA*EG인 어머니 사이에서 ㉮가 태어날 때, ㉮에게서 나타날 수 있는 (가)~(다)의 표현형은 최대 12가지이고, ㉮의 표현형이 아버지와 같을 확률은 $\frac{1}{8}$이다.
○ 유전자형이 ⓑ AA*BB*DG인 아버지와 AA*BB*DG인 어머니 사이에서 ㉯가 태어날 때, ㉯에게서 나타날 수 있는 (가)~(다)의 표현형은 최대 18가지이다.

㉯의 (가)~(다)의 표현형이 모두 ⓐ와 같을 확률을 ㉠, ㉮의 (가)~(다)의 표현형이 모두 ⓑ와 같을 확률을 ㉡이라고 할 때, ㉠과 ㉡을 더한 값(㉠+㉡)은? (단, 돌연변이와 교차는 고려하지 않는다.)

① $\frac{1}{8}$　② $\frac{5}{32}$　③ $\frac{3}{16}$　④ $\frac{7}{32}$　⑤ $\frac{1}{4}$

10. 그림은 세포 A~E 각각에 들어 있는 모든 염색체를 나타낸 것이며, A~E는 각각 서로 다른 개체 (가), (나), (다)의 세포 중 하나이다. (가)와 (나)는 수컷이고, (나)와 (다)는 같은 종이다. (가)~(다)는 $2n=6$이며, (가)~(다)의 성염색체는 암컷이 XX, 수컷이 XY이다.

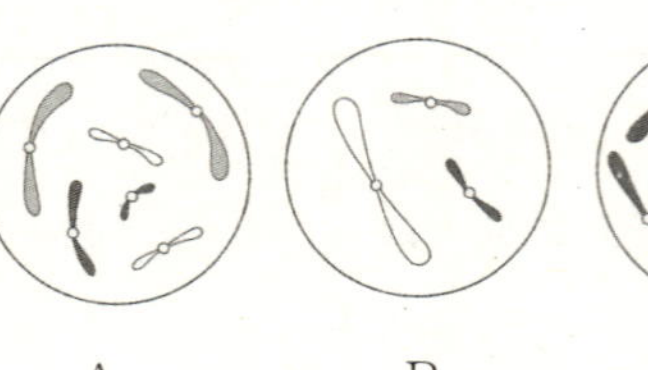 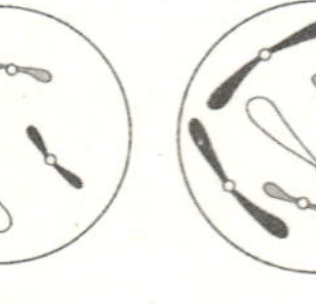 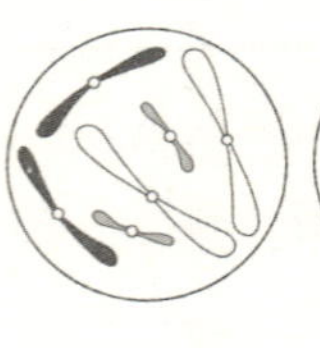  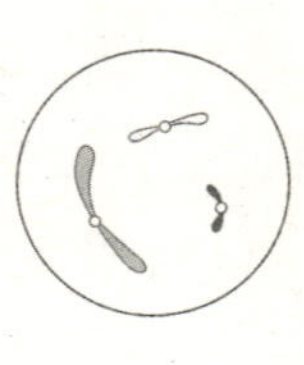

A　　B　　C　　D　　E

이에 대한 설명으로 옳은 것만을 〈보기〉에서 있는 대로 고른 것은? (단, 돌연변이는 고려하지 않는다.)

〈보 기〉
ㄱ. B는 (다)의 세포이다.
ㄴ. X 염색체의 수는 C가 A의 2배이다.
ㄷ. D와 E는 서로 다른 개체의 세포이다.

① ㄱ　② ㄴ　③ ㄷ　④ ㄱ, ㄴ　⑤ ㄴ, ㄷ

11. 그림은 어떤 사람의 시간에 따른 ㉠과 ㉡의 혈중 농도를 나타낸 것이다. ㉠과 ㉡은 티록신과 TSH를 순서 없이 나타낸 것이고, 이 사람은 t_1일 때 갑상샘 기능 저하증이 생겨 t_2일 때 ㉠을 주사 맞았다.

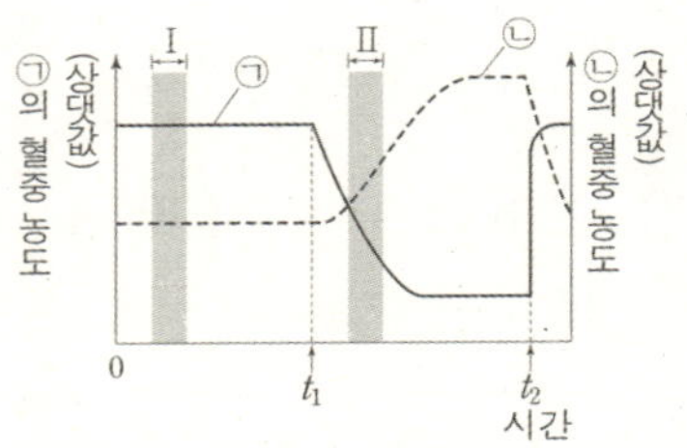

이에 대한 설명으로 옳은 것만을 〈보기〉에서 있는 대로 고른 것은? (단 제시된 조건 이외는 고려하지 않는다.) [3점]

〈보 기〉
ㄱ. ㉠의 분비는 음성 피드백에 의해 조절된다.
ㄴ. ㉡을 분비하는 내분비샘은 뇌하수체 전엽이다.
ㄷ. 혈중 TRH의 농도는 구간 Ⅰ에서가 구간 Ⅱ에서보다 높다.

① ㄱ　② ㄷ　③ ㄱ, ㄴ　④ ㄴ, ㄷ　⑤ ㄱ, ㄴ, ㄷ

12. 표는 지역 Ⅰ과 Ⅱ에 각각 방형구 20개를 설치하여 식물 군집을 조사한 결과를 나타낸 것이다. Ⅰ의 면적은 Ⅱ의 면적의 2배이고, Ⅱ의 전체 개체 수는 Ⅰ의 전체 개체 수의 2배이다.

지역	종	상대 밀도(%)	상대 빈도(%)	상대 피도(%)
Ⅰ	A	40	25	?
	B	?	35	30
	C	20	?	40
Ⅱ	A	20	?	20
	B	60	10	?
	C	?	15	55

이에 대한 설명으로 옳은 것만을 〈보기〉에서 있는 대로 고른 것은? (단 A~C 이외의 종은 고려하지 않는다.) [3점]

〈보 기〉
ㄱ. Ⅰ과 Ⅱ의 식물 군집에서 우점종은 같다.
ㄴ. Ⅱ에서 A가 출현한 방형구의 수는 15이다.
ㄷ. Ⅱ에서의 C의 밀도는 Ⅰ에서의 B의 밀도의 2배이다.

① ㄱ　② ㄷ　③ ㄷ　④ ㄱ, ㄴ　⑤ ㄴ, ㄷ

13. 다음은 민말이집 신경 A와 B의 흥분 전도에 대한 자료이다.

○ 그림은 A와 B의 지점 $d_1 \sim d_5$를, 표는 ⓐ A와 B의 지점 X에 역치 이상의 자극을 동시에 1회 주고 경과된 시간이 4ms, 5ms, 6ms일 때 각 신경의 $d_1 \sim d_5$ 중 막전위가 +30mV, −80mV인 지점의 수를 모두 나타낸 것이다. X는 $d_1 \sim d_5$ 중 하나이고, ㉠~㉢은 1, 2, 3을 순서 없이 나타낸 것이다.

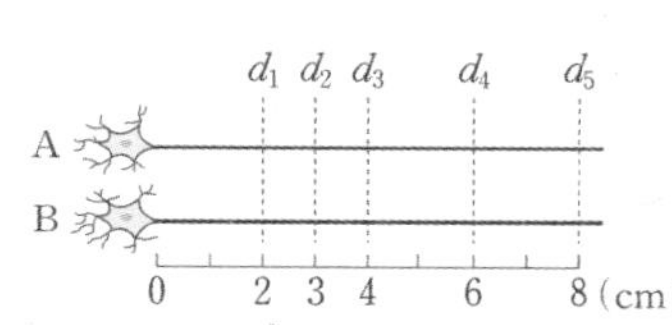

시간 (ms)	막전위가 +30mV, −80mV인 지점의 수	
	A	B
4	㉠	㉡
5	㉡	㉢
6	㉠	0

○ A와 B의 흥분 전도 속도는 각각 1cm/ms, 2cm/ms 중 하나이다.

○ A와 B의 $d_1 \sim d_5$에서 활동 전위가 발생하였을 때, 각 지점에서의 막전위 변화는 그림과 같다.

이에 대한 설명으로 옳은 것만을 〈보기〉에서 있는 대로 고른 것은? (단, A와 B에서 흥분의 전도는 각각 1회 일어났고, 휴지 전위는 −70mV이다.) [3점]

───── 〈 보 기 〉 ─────

ㄱ. X는 d_3이다.

ㄴ. ㉡은 3이다.

ㄷ. ⓐ가 $\dfrac{9}{2}$ms일 때 $\dfrac{\text{A의 } d_1\text{에서의 막전위}}{\text{B의 } d_2\text{에서의 막전위}}$ 는 1보다 크다.

① ㄱ   ② ㄴ   ③ ㄱ, ㄷ   ④ ㄴ, ㄷ   ⑤ ㄱ, ㄴ, ㄷ

14. 사람의 유전 형질 ⓟ는 X 염색체에 있는 대립유전자 A와 a, 18번 염색체에 있는 대립유전자 B와 b에 의해 결정된다. 그림 (가)와 (나)는 각각 남자 P의 세포 ㉠과 ㉡이 감수 분열을 1회 하는 것을 나타낸 것이며, 표는 세포 Ⅰ~Ⅲ의 대립유전자 ⓐ~ⓓ 중 세 개의 DNA 상대량을 더한 값을 나타낸 것이다. Ⅰ~Ⅲ은 ㉢~㉤을, ⓐ~ⓓ는 A, a, B, b를 순서 없이 나타낸 것이다. ㉢~㉤ 중 ㉣만 A, b를 모두 갖는다.

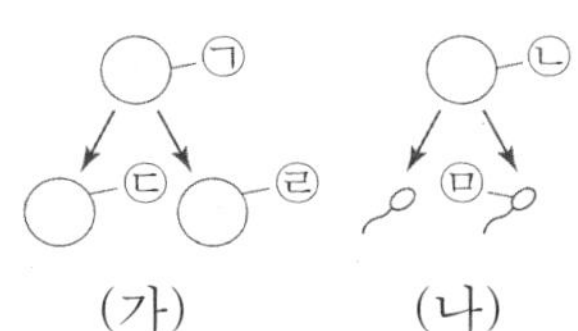

세포	DNA 상대량을 더한 값		
	ⓐ+ⓑ+ⓒ	ⓑ+ⓒ+ⓓ	ⓒ+ⓓ+ⓐ
Ⅰ	0	㉮	?
Ⅱ	?	0	?
Ⅲ	2	?	㉯

(가)   (나)

이에 대한 설명으로 옳은 것만을 〈보기〉에서 있는 대로 고른 것은? (단, 돌연변이와 교차는 고려하지 않으며, A, a, B, b 각각의 1개당 DNA 상대량은 1이다.) [3점]

───── 〈 보 기 〉 ─────

ㄱ. Ⅱ는 ㉤이다.

ㄴ. ㉮+㉯=3이다.

ㄷ. ⓒ는 A이다.

① ㄴ   ② ㄷ   ③ ㄱ, ㄴ   ④ ㄱ, ㄷ   ⑤ ㄴ, ㄷ

15. 다음은 골격근의 수축 과정에 대한 자료이다.

○ 그림은 근육 원섬유 마디 X의 구조를 나타낸 것이다. X는 좌우 대칭이다.

○ 구간 ㉠은 액틴 필라멘트만 있는 부분이고, ㉡은 액틴 필라멘트와 마이오신 필라멘트가 겹치는 부분이며, ㉢은 마이오신 필라멘트만 있는 부분이다.

○ 골격근 수축 과정의 시점 t_1일 때, X의 액틴 필라멘트와 마이오신 필라멘트의 길이는 서로 같다.

○ 골격근 수축 과정의 시점 t_2일 때 ㉢의 길이는 t_1일 때 ㉢의 길이와 다르다.

○ $\dfrac{t_1\text{일 때 ㉠의 길이}}{t_2\text{일 때 ㉠의 길이}} = \dfrac{t_2\text{일 때 ㉡의 길이}}{t_1\text{일 때 ㉡의 길이}} = \dfrac{t_1\text{일 때 ㉢의 길이}}{t_2\text{일 때 ㉢의 길이}}$

이에 대한 설명으로 옳은 것만을 〈보기〉에서 있는 대로 고른 것은?

───── 〈 보 기 〉 ─────

ㄱ. 근육 섬유는 근육 원섬유로 구성되어 있다.

ㄴ. t_1일 때 ㉠의 길이는 t_2일 때 ㉡의 길이와 같다.

ㄷ. H대의 길이는 t_2일 때가 t_1일 때보다 길다.

① ㄴ   ② ㄷ   ③ ㄱ, ㄴ   ④ ㄱ, ㄷ   ⑤ ㄱ, ㄴ, ㄷ

16. 다음은 항원 X~Z에 대한 생쥐의 방어 작용 실험이다.

[실험 과정]

(가) 유전적으로 동일하고 X~Z에 노출된 적이 없는 생쥐 Ⅰ~Ⅳ를 준비하고, Ⅰ에 X, Ⅱ에 Y, Ⅲ에 Z를, Ⅳ에 생리 식염수를 1회 주사한다.

(나) 2주 후, (가)의 Ⅰ에서 ㉮를 분리하여 Ⅱ에, (가)의 Ⅲ에서 ㉯를 분리하여 Ⅳ에 주사한다. ㉮와 ㉯는 기억 세포와 혈청을 순서 없이 나타낸 것이다.

(다) 1주 후, (나)의 Ⅱ와 Ⅳ에 일정 시간 간격으로, ㉠, ㉡, ㉢를 주사한다. ㉠~㉢은 X~Z를 순서 없이 나타낸 것이다.

[실험 결과]

Ⅱ와 Ⅳ에서 ㉠~㉢에 대한 혈중 항체 농도 변화는 그림과 같다.

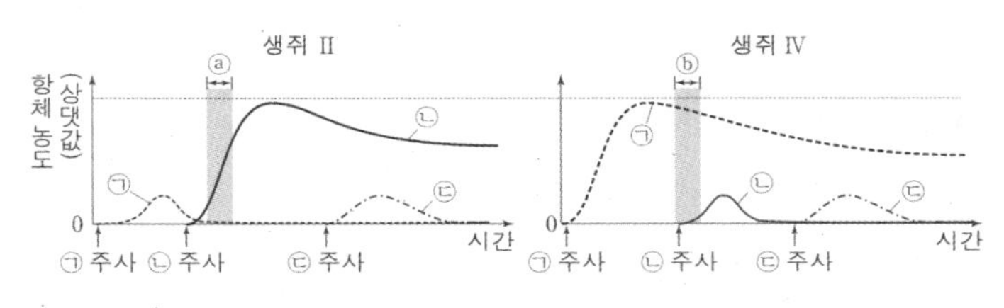

이에 대한 설명으로 옳은 것만을 〈보기〉에서 있는 대로 고른 것은? [3점]

───── 〈 보 기 〉 ─────

ㄱ. ㉢은 X이다.

ㄴ. 구간 ⓐ에서 ㉡에 대한 ㉯가 형질 세포로 분화되었다.

ㄷ. 구간 ⓑ에서 ㉠에 대한 비특이적 방어 작용이 일어났다.

① ㄱ   ② ㄴ   ③ ㄱ, ㄷ   ④ ㄴ, ㄷ   ⑤ ㄱ, ㄴ, ㄷ

17. 다음은 사람의 유전 형질 (가)~(다)에 대한 자료이다.

> ○ (가)는 대립유전자 A와 a에 의해, (나)는 대립유전자 B와 b에 의해, (다)은 대립유전자 D와 d에 의해 결정되며, A, B, D는 a, b, d에 대해 각각 완전 우성이다.
> ○ (가)~(다)의 유전자는 모두 X 염색체에 있다.
> ○ 표는 이 가족 구성원의 성별, (가)~(다)의 발현 여부, 체세포 1개당 a, B, d의 DNA 상대량을 더한 값($a+B+d$)을 나타낸 것이다.

구성원	성별	(가)	(나)	(다)	$a+B+d$
아버지	남	○	?	×	2
어머니	여	?	○	?	3
자녀 1	여	×	×	?	3
자녀 2	남	?	×	?	1
자녀 3	여	?	?	○	4

(○: 발현 됨, ×: 발현 안 됨)

> ○ 이 가족 구성원의 핵형은 모두 정상이다.
> ○ 염색체 수가 22인 생식세포 ㉠과 염색체 수가 24인 생식세포 ㉡이 수정되어 ⓐ가 태어났으며, ⓐ는 자녀 1~3 중 하나이다. ㉠과 ㉡의 형성 과정에서 각각 성염색체 비분리가 1회 일어났다.

이에 대한 설명으로 옳은 것만을 〈보기〉에서 있는 대로 고른 것은? (단, 제시된 염색체 비분리 이외의 돌연변이와 교차는 고려하지 않으며, A, a, B, b, D, d 각각의 1개당 DNA 상대량은 1이다.)

> ─── 〈보 기〉───
> ㄱ. (가)~(다) 중 우성 형질은 1가지이다.
> ㄴ. ㉡은 감수 2분열에서 염색체 비분리가 일어나 형성된 난자이다.
> ㄷ. 어머니의 (가)~(다)의 유전자형은 모두 이형 접합성이다.

① ㄱ　　② ㄴ　　③ ㄱ, ㄷ　　④ ㄴ, ㄷ　　⑤ ㄱ, ㄴ, ㄷ

18. 다음은 어떤 과학자가 수행한 탐구이다.

> (가) 생물 X를 제거한 나무가 잘 생장하지 못하는 것을 보고, X는 나무가 생장하는데 도움을 줄 것이라고 생각하였다.
> (나) 같은 지역에 살고 있는 나무들을 집단 A와 B로 나누었다.
> (다) 집단 ㉠은 서식하고 있는 X를 제거하고, 집단 ㉡은 서식하고 있는 X를 그대로 두었다. ㉠과 ㉡은 각각 A와 B 중 하나이고, 10개월 후에 각각의 생장량(상댓값)을 조사하여 그래프로 나타내었다.
> (라) X는 나무가 생장하는데 도움을 준다는 결론을 내렸다.

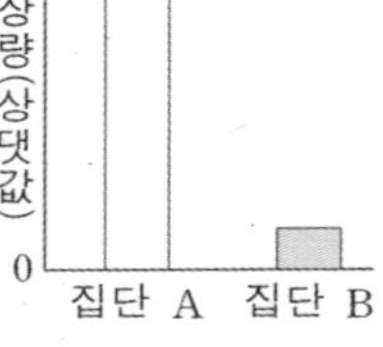

이 자료에 대한 설명으로 옳은 것만을 〈보기〉에서 있는 대로 고른 것은? [3점]

> ─── 〈보 기〉───
> ㄱ. 귀납적 탐구 방법이 이용되었다.
> ㄴ. ㉠은 B이다.
> ㄷ. 이 실험에서의 종속변인은 생장량이다.

① ㄱ　　② ㄴ　　③ ㄷ　　④ ㄱ, ㄷ　　⑤ ㄴ, ㄷ

19. 다음은 어떤 집안의 유전 형질 ㉠~㉢에 대한 자료이다.

> ○ ㉠은 대립유전자 A와 A^*에 의해, ㉡은 대립유전자 B와 B^*에 의해, ㉢은 대립유전자 D와 D^*에 의해 결정된다. A, B, D는 각각 A^*, B^*, D^*에 대해 완전 우성이다.
> ○ ㉠~㉢을 결정하는 유전자 중 2개는 X 염색체에, 나머지 1개는 상염색체에 있다.
> ○ 가계도는 구성원 1~10의 형질 ⓐ와 ⓑ의 발현 여부를, ⓐ와 ⓑ는 ㉠과 ㉡를 순서 없이 나타낸 것이다.

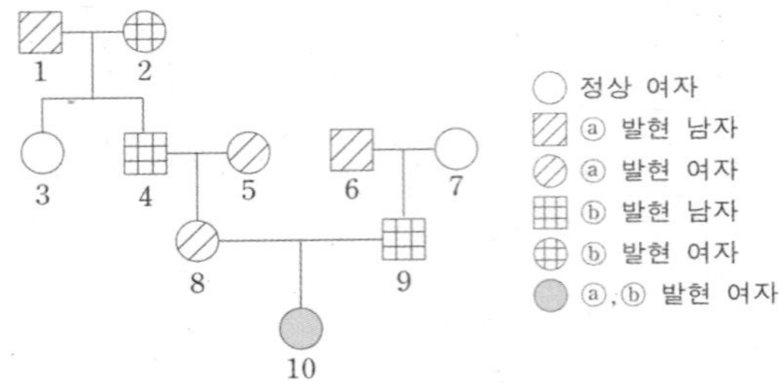

> ○ 3, 4에서 ㉢이 발현되지 않았고, 5, 8, 9에서는 ㉢이 발현되었다.
> ○ 5의 ㉡의 유전자형은 이형 접합성이다.
> ○ $\dfrac{4,\ 5,\ 8,\ 9\ \text{각각의 체세포 1개당 } B^*\text{의 DNA 상대량을 더한 값}}{4,\ 5,\ 8,\ 9\ \text{각각의 체세포 1개당 A 의 DNA 상대량을 더한 값}}=3$

이에 대한 설명으로 옳은 것만을 〈보기〉에서 있는 대로 고른 것은? (단, 돌연변이와 교차는 고려하지 않으며, A, A^*, B, B^*, D, D^* 각각의 1개당 DNA 상대량은 1이다.) [3점]

> ─── 〈보 기〉───
> ㄱ. ㉢은 X 염색체에 있다.
> ㄴ. ㉡은 열성 형질이다.
> ㄷ. 10의 동생이 태어날 때, 이 아이에게서 ㉠~㉢ 중 ㉡과 ㉢만 발현될 확률은 $\dfrac{1}{8}$이다.

① ㄱ　　② ㄴ　　③ ㄱ, ㄷ　　④ ㄴ, ㄷ　　⑤ ㄱ, ㄴ, ㄷ

20. 그림은 어떤 지역에서 일정 기간 동안 동물 종 A와 B 개체군의 생물량을 조사하여 나타낸 것이다. A와 B는 포식과 피식의 관계를 갖는다.

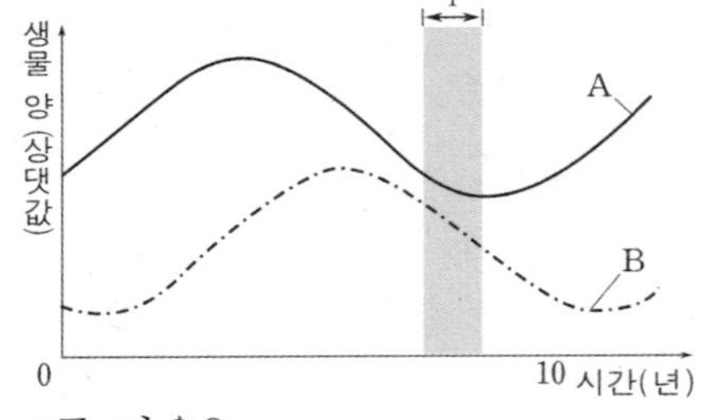

이에 대한 설명으로 옳은 것만을 〈보기〉에서 있는 대로 고른 것은?

> ─── 〈보 기〉───
> ㄱ. B는 1차 소비자이다.
> ㄴ. A와 B의 관계는 개체군 내의 상호 작용이다.
> ㄷ. 구간 I에서 A와 B는 모두 환경 저항을 받는다.

① ㄴ　　② ㄷ　　③ ㄱ, ㄴ　　④ ㄱ, ㄷ　　⑤ ㄴ, ㄷ

> * 확인 사항
> ○ 답안지의 해당란에 필요한 내용을 정확히 기입(표기)했는지 확인하시오.

제 4 교시   과학탐구 영역(생명과학 I)

| 성명 | | 수험 번호 | | − | | 제〔 〕선택 |

---

1. 그림은 사람 몸에 있는 각 기관계의 통합적 작용을 나타낸 것이다. (가)와 (나)는 각각 배설계와 소화계 중 하나이다.

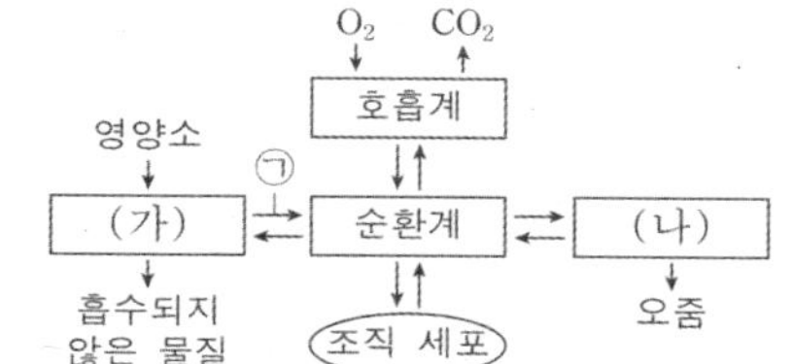

이에 대한 설명으로 옳은 것만을 〈보기〉에서 있는 대로 고른 것은? [3점]

─〈 보 기 〉─
ㄱ. ㉠에는 요소의 이동이 포함된다.
ㄴ. (가)에는 부교감 신경이 작용하는 기관이 있다.
ㄷ. 대장은 (나)에 속한다.

① ㄱ　② ㄷ　③ ㄱ, ㄴ　④ ㄴ, ㄷ　⑤ ㄱ, ㄴ, ㄷ

2. 표는 종 사이의 상호 작용을 나타낸 것이다. ㉠과 ㉡은 상리 공생과 종간 경쟁을 순서 없이 나타낸 것이다.

상호 작용	종1	종2
㉠	이익	?
㉡	손해	ⓐ
기생	ⓑ	이익

이에 대한 설명으로 옳은 것만을 〈보기〉에서 있는 대로 고른 것은? [3점]

─〈 보 기 〉─
ㄱ. ⓐ와 ⓑ는 모두 '손해'이다.
ㄴ. ㉠의 예로는 빨판상어와 거북이 있다.
ㄷ. ㉡에서의 종1과 종2는 생태적 지위가 서로 비슷하다.

① ㄱ　② ㄴ　③ ㄷ　④ ㄱ, ㄷ　⑤ ㄱ, ㄴ, ㄷ

3. 그림 (가)는 어떤 사람이 세균 X에 감염되었을 때 ㉠과 B 림프구가 각각 ㉡으로 분화되는 과정을, (나)는 이 사람에서 X의 침입에 의해 생성되는 X에 대한 혈중 항체 농도 변화를 나타낸 것이다. ㉠과 ㉡은 기억 세포와 형질 세포를 순서 없이 나타낸 것이다.

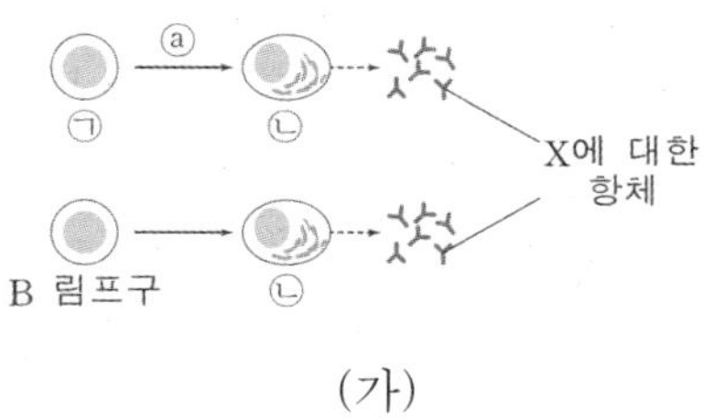

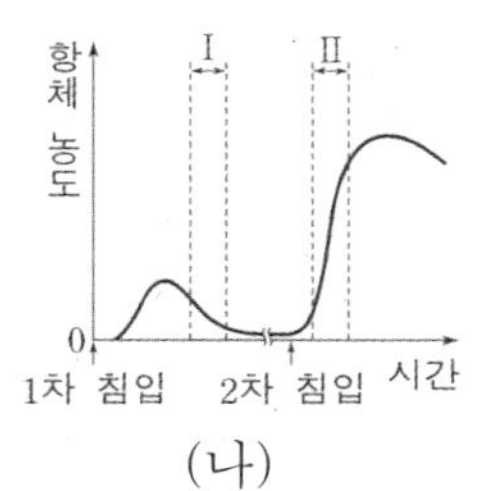

이에 대한 설명으로 옳은 것만을 〈보기〉에서 있는 대로 고른 것은? [3점]

─〈 보 기 〉─
ㄱ. X에 대한 1차 면역 반응에서 ㉠은 형성되지 않았다.
ㄴ. 구간 I 에서 체액성 면역 반응이 일어난다.
ㄷ. 구간 I 과 II에서 과정 ⓐ가 일어난다.

① ㄱ　② ㄴ　③ ㄱ, ㄴ　④ ㄴ, ㄷ　⑤ ㄱ, ㄴ, ㄷ

4. 그림 (가)는 생태계에서 일어나는 질소 순환 과정의 일부를 나타낸 것이고, (나)는 이 생태계에서 시간에 따른 질소 화합물의 양을 나타낸 것이다. ㉠과 ㉡은 각각 생산자와 소비자 중 하나이다.

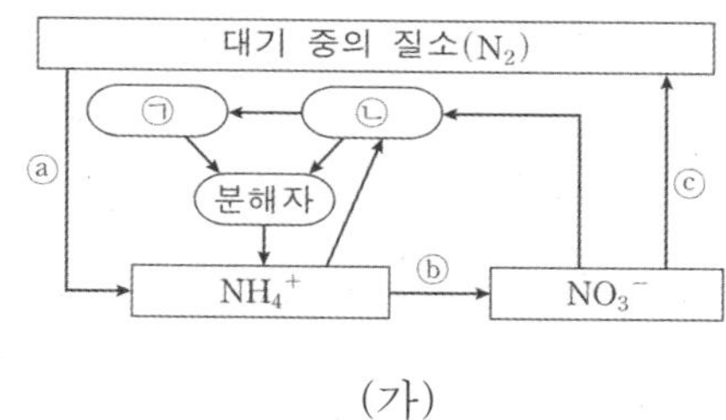

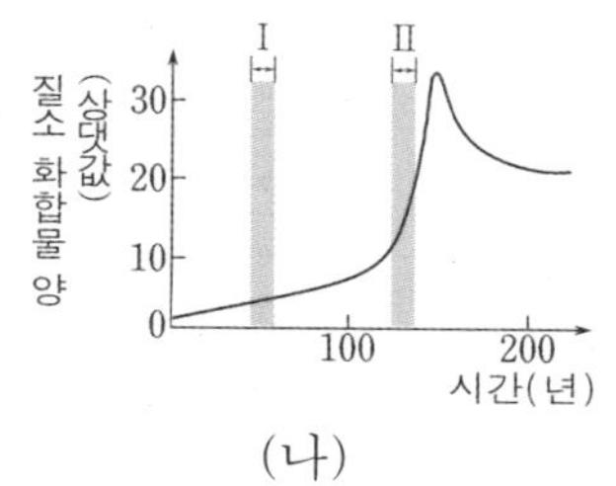

이에 대한 설명으로 옳은 것만을 〈보기〉에서 있는 대로 고른 것은? (단, 질소 화합물의 양은 (가)에 제시된 작용만을 고려한다.)

─〈 보 기 〉─
ㄱ. ㉠은 생산자이다.
ㄴ. ⓐ와 ⓑ 과정에 모두 세균이 관여한다.
ㄷ. $\dfrac{ⓒ의 속도}{ⓐ의 속도}$ 는 I 에서가 II에서보다 작다.

① ㄱ　② ㄴ　③ ㄷ　④ ㄱ, ㄴ　⑤ ㄴ, ㄷ

5. 그림은 자율 신경 ㉠~㉢을 통한 흥분의 전달 경로를 나타낸 것이다. A와 B는 중간뇌와 척수를 순서 없이, (가)와 (나)는 심장과 방광을 순서 없이 나타낸 것이다.

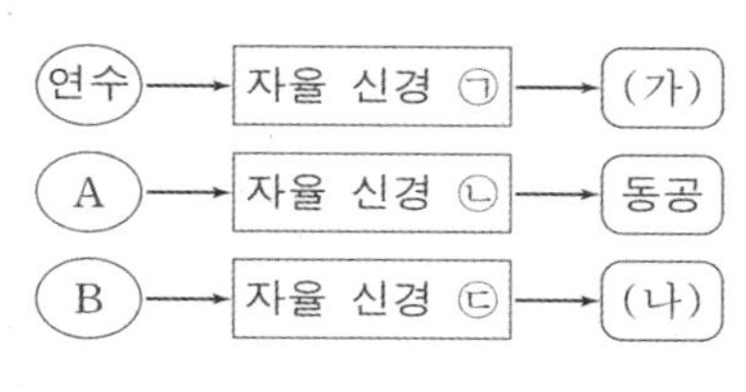

이에 대한 설명으로 옳은 것만을 〈보기〉에서 있는 대로 고른 것은? [3점]

─〈 보 기 〉─
ㄱ. ㉠과 ㉡은 모두 부교감 신경이다.
ㄴ. A는 뇌줄기에 속한다.
ㄷ. B는 회피 반사의 중추이다.

① ㄱ　② ㄷ　③ ㄱ, ㄴ　④ ㄴ, ㄷ　⑤ ㄱ, ㄴ, ㄷ

6. 다음은 생물 다양성에 대한 학생 A~C의 대화 내용이다.

제시한 내용이 옳은 학생만을 있는 대로 고른 것은?

① A　② B　③ A, C　④ B, C　⑤ A, B, C

7. 그림은 정상인이 1L의 물을 섭취한 후 단위 시간당 ㉠을 시간에 따라 나타낸 것이다. ㉠은 오줌 생성량과 오줌 삼투압 중 하나이다.

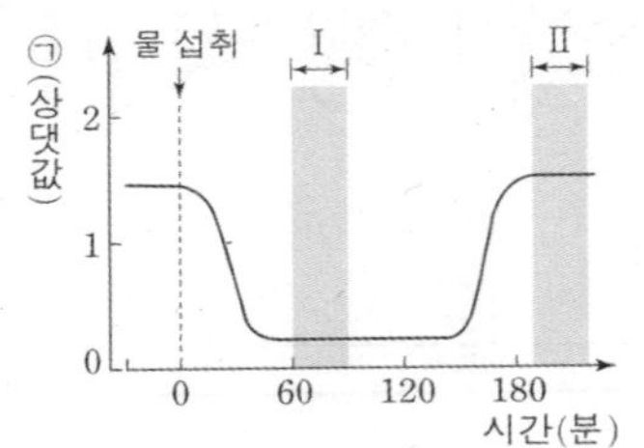

이에 대한 설명으로 옳은 것만을 〈보기〉에서 있는 대로 고른 것은? (단, 제시된 자료 이외에 체내 수분량에 영향을 미치는 요인은 없다.)

───〈보 기〉───

ㄱ. ADH의 표적 기관은 콩팥이다.

ㄴ. ㉠은 오줌 생성량이다.

ㄷ. 혈장 삼투압은 I 에서가 II 에서보다 높다.

① ㄱ　② ㄷ　③ ㄱ, ㄴ　④ ㄴ, ㄷ　⑤ ㄱ, ㄴ, ㄷ

8. 사람의 유전 형질 (가)는 2쌍의 대립유전자 H와 h, R와 r에 의해 결정된다. 표는 P의 세포 I ~III에서 염색체 ⓐ~ⓒ의 유무, 세포 1개당 ㉠의 DNA 상대량에서 ㉡의 DNA 상대량을 뺀 값(㉠−㉡), 세포 1개당 ㉢의 DNA 상대량에서 ㉣의 DNA 상대량을 뺀 값(㉢−㉣)을 나타낸 것이다. ⓐ~ⓒ는 X 염색체, Y 염색체, 9번 염색체를 순서 없이 나타낸 것이고, ㉠~㉣은 H, h, R, r를 순서 없이 나타낸 것이다.

세포	염색체			DNA 상대량을 뺀 값	
	ⓐ	ⓑ	ⓒ	㉠−㉡	㉢−㉣
I	?	㉓	?	1	2
II	?	×	㉕	0	1
III	㉒	?	×	㉖	2

(○: 있음, ×: 없음)

이에 대한 설명으로 옳은 것만을 〈보기〉에서 있는 대로 고른 것은? (단, 돌연변이와 교차는 고려하지 않으며, H, h, R, r 각각의 1개당 DNA 상대량은 1이다.) [3점]

───〈보 기〉───

ㄱ. ㉒~㉔는 모두 ○ 이다.

ㄴ. ⓒ은 상염색체에 존재한다.

ㄷ. ㉖는 2이다.

① ㄱ　② ㄷ　③ ㄱ, ㄴ　④ ㄴ, ㄷ　⑤ ㄱ, ㄴ, ㄷ

9. 그림은 티록신의 분비 조절 과정의 일부를 나타낸 것이다. ⓐ~ⓒ는 각각 TRH, TSH, 티록신 중 하나이다.

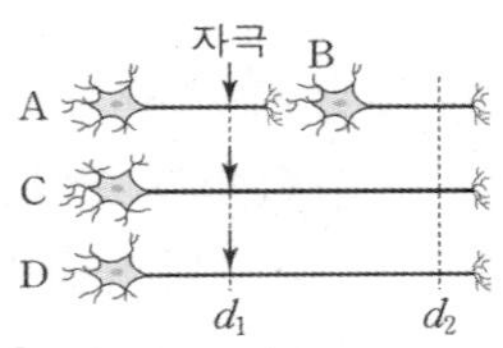

이에 대한 설명으로 옳은 것만을 〈보기〉에서 있는 대로 고른 것은?

───〈보 기〉───

ㄱ. ㉠은 뇌하수체 전엽이다.

ㄴ. ⓑ는 TRH이다.

ㄷ. ⓒ의 분비량이 과다 시 갑상샘 기능 저하증이 나타난다.

① ㄱ　② ㄴ　③ ㄷ　④ ㄱ, ㄴ　⑤ ㄱ, ㄷ

10. 다음은 골격근 수축 과정에 대한 자료이다.

○ 그림은 근육 원섬유 마디 X의 구조를, 표는 골격근 수축 과정의 세 시점 t_1~t_3일 때의 X의 길이, ⓐ의 길이, ⓑ의 길이, ⓒ와 ⓓ의 길이를 더한 값(ⓒ+ⓓ)을 나타낸 것이다. ⓐ~ⓓ는 ㉠~㉣을 순서 없이 나타낸 것이고, X는 좌우 대칭이다.

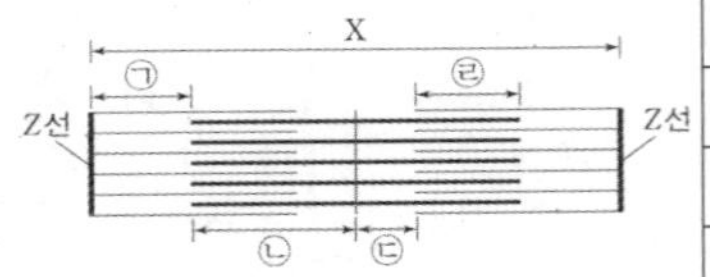

시점	X	ⓐ	ⓑ	ⓒ+ⓓ
t_1	?	㉮	㉯	?
t_2	$2.8\mu m$	㉰	㉯	㉮
t_3	$3.2\mu m$	?	㉯	㉱

○ 구간 ㉠은 액틴 필라멘트만 있는 부분이고, ㉡과 ㉢은 각각 A대와 H대의 절반에 해당하는 부분이며, ㉣은 액틴 필라멘트와 마이오신 필라멘트가 겹치는 부분이다.

○ t_1일 때 구간 ⓑ의 길이와 ⓒ의 길이의 합은 $1.5\mu m$이다.

이에 대한 설명으로 옳은 것만을 〈보기〉에서 있는 대로 고른 것은? [3점]

───〈보 기〉───

ㄱ. 구간 ⓓ에서 마이오신 필라멘트가 관찰된다.

ㄴ. t_1일 때 A대의 길이는 $2.0\mu m$이다.

ㄷ. $\dfrac{ⓓ의 길이}{ⓐ의 길이 − ⓒ의 길이}$ 는 t_3일 때가 t_2일 때의 2배이다.

① ㄱ　② ㄴ　③ ㄱ, ㄷ　④ ㄴ, ㄷ　⑤ ㄱ, ㄴ, ㄷ

11. 다음은 민말이집 신경 A~D의 흥분 전도와 전달에 대한 자료이다.

○ 그림은 A~D의 일부를, 표는 A, C, D의 지점 d_1에 역치 이상의 자극을 동시에 1회 주고 경과된 시간이 t_1~t_4일 때 지점 d_2에서 측정한 막전위를 나타낸 것이다. I ~IV는 t_1~t_4를 순서 없이 나타낸 것이다.

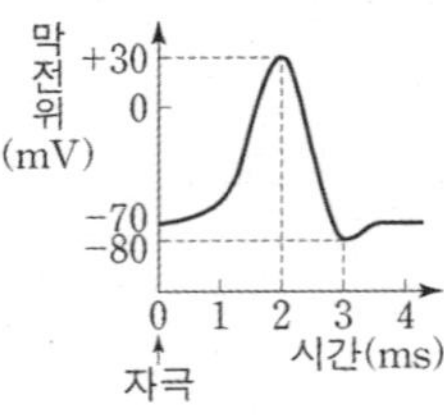

신경	d_2에서 측정한 막전위(mV)			
	I	II	III	IV
B	−50	−60	ⓐ	+5
C	−15	ⓑ	−15	+30
D	?	+30	−80	−60

○ A~D 각각에서 활동 전위가 발생하였을 때, 각 지점에서의 막전위 변화는 그림과 같다.

이에 대한 설명으로 옳은 것만을 〈보기〉에서 있는 대로 고른 것은? (단, A~D에서 흥분의 전도는 각각 1회 일어났으며, 휴지 전위는 −70mV이고, 자극을 준 후 경과된 시간은 $t_1 < t_2 < t_3 < t_4$이다.)

───〈보 기〉───

ㄱ. IV는 t_3이다.

ㄴ. t_2일 때 C의 d_2에서 재분극이 일어나고 있다.

ㄷ. ⓐ와 ⓑ를 더한 값(ⓐ+ⓑ)은 15보다 크다.

① ㄱ　② ㄴ　③ ㄱ, ㄷ　④ ㄴ, ㄷ　⑤ ㄱ, ㄴ, ㄷ

12. 그림은 사람 A가 하루 동안 소비한 1일 대사량 중 기초 대사량, 활동 대사량, 기타(음식물 섭취 시의 에너지 소모량)가 차지하는 비율을, 표는 A가 하루 동안 섭취한 3대 영양소의 섭취량과 에너지양을 나타낸 것이다. A가 하루 동안 소비한 활동 대사량은 875kcal이다.

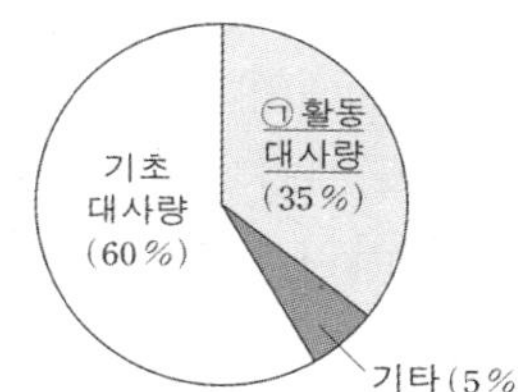

영양소	섭취량(g)	에너지양(kcal/g)
탄수화물	300	4
단백질	200	4
지방	50	9

이에 대한 설명으로 옳은 것만을 〈보기〉에서 있는 대로 고른 것은?

─── 〈보 기〉 ───
ㄱ. 잠을 잘 때 호흡 운동에 소모되는 에너지양은 ㉠에 해당한다.
ㄴ. A가 하루 동안 소비한 기초 대사량은 1500kcal이다.
ㄷ. 이와 같은 에너지 섭취와 활동에 따른 에너지 소비를 지속하면 A의 체중은 감소할 것이다.

① ㄱ ② ㄷ ③ ㄱ, ㄴ ④ ㄴ, ㄷ ⑤ ㄱ, ㄴ, ㄷ

13. 그림은 동물 세포 (가)~(라) 각각에 들어 있는 모든 염색체를 나타낸 것이다. (가)~(라)는 서로 다른 개체 A, B, C의 세포 중 하나이다. A와 C는 수컷이며, A와 B는 종이 다르다. A~C의 핵상은 모두 2n이며, A~C의 성염색체는 암컷이 XX, 수컷이 XY이다.

 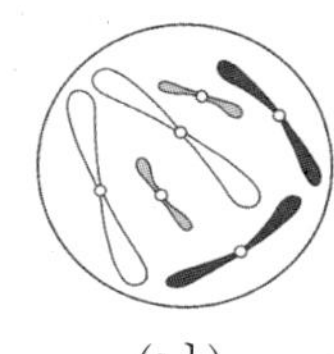 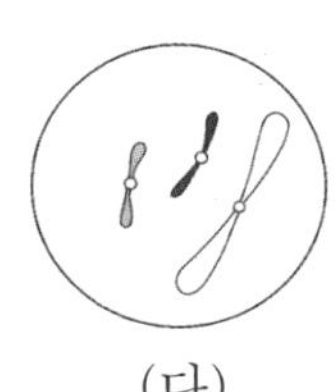 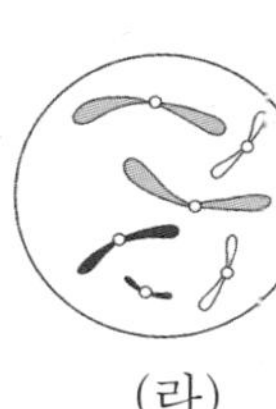

(가)　　　(나)　　　(다)　　　(라)

이에 대한 설명으로 옳은 것만을 〈보기〉에서 있는 대로 고른 것은? (단, 돌연변이는 고려하지 않는다.)

─── 〈보 기〉 ───
ㄱ. (라)는 B의 세포이다.
ㄴ. (가)를 갖는 개체와 (라)를 갖는 개체의 핵형은 같다.
ㄷ. C의 감수 1분열 중기 세포 1개당 염색 분체 수는 6이다.

① ㄱ ② ㄴ ③ ㄷ ④ ㄱ, ㄴ ⑤ ㄴ, ㄷ

14. 표는 병원체 A~C에서 특징의 유무를 나타낸 것이다. A~C는 각각 홍역, 파상풍, 말라리아를 일으키는 병원체 중 하나이다.

특징 \ 병원체	A	B	C
독립적으로 물질대사가 가능하다.	×	㉠	?
핵막이 있다.	?	㉡	×
항생제를 이용하여 치료한다.	?	×	㉢

(○: 있음, ×: 없음)

이에 대한 설명으로 옳은 것만을 〈보기〉에서 있는 대로 고른 것은?

─── 〈보 기〉 ───
ㄱ. ㉠~㉢은 모두 '○'이다.
ㄴ. A는 홍역을 일으키는 병원체이다.
ㄷ. B와 C는 모두 세포 구조로 되어 있다.

① ㄱ ② ㄷ ③ ㄱ, ㄴ ④ ㄴ, ㄷ ⑤ ㄱ, ㄴ, ㄷ

15. 다음은 남자 P와 여자 Q의 유전 형질 ㉮와 ㉯에 대한 자료이다.

○ ㉮는 대립유전자 A와 a, B와 b에 의해 결정되고, ㉮의 표현형은 유전자형에서 대문자로 표시되는 대립유전자의 수에 의해서만 결정되며, 이 대립유전자의 수가 다르면 표현형이 다르다.
○ ㉯는 1쌍의 대립유전자에 의해 결정되며, 대립유전자 E, F, G가 있고, 각 대립유전자의 우열 관계는 분명하다. 유전자형이 EF인 사람과 EG인 사람의 표현형은 다르다.
○ ㉮와 ㉯의 유전자는 모두 상염색체에 있다.
○ 표 (가)는 P의 세포 ㉠~㉢에서 유전자 ⓐ~ⓓ의 유무를, (나)는 Q의 세포 ㉣~㉫에서 유전자 ⓓ~ⓖ의 유무를 나타낸 것이며, ⓐ~ⓓ는 A, a, E, F를, ⓔ~ⓖ는 B, b, G를 순서 없이 나타낸 것이다. P는 ⓖ가 없다.

유전자	P의 세포 ㉠	㉡	㉢
ⓐ	○	○	○
ⓑ	×	×	○
ⓒ	○	×	○
ⓓ	?	×	×

(○: 있음, ×: 없음)

(가)

유전자	Q의 세포 ㉣	㉤	㉥
ⓓ	○	○	×
ⓔ	○	?	×
ⓕ	○	×	×
ⓖ	?	?	?

(○: 있음, ×: 없음)

(나)

○ P와 Q 사이에서 아이가 태어날 때, 이 아이에게서 나타나는 표현형은 최대 10가지이며, 유전자형이 aaBBFG일 수 있다.

P와 Q 사이에서 아이가 태어날 때, 이 아이가 유전자 ⓖ를 가지면서 부모 중 한 명만 ㉮와 ㉯의 표현형이 같을 확률은? (단, 돌연변이와 교차는 고려하지 않는다.) [3점]

① $\frac{1}{16}$ ② $\frac{1}{8}$ ③ $\frac{3}{16}$ ④ $\frac{1}{4}$ ⑤ $\frac{5}{16}$

16. 다음은 어떤 과학자가 수행한 탐구이다.

(가) ⓐ 낙타가 70℃가 넘는 사막에서도 피부 온도를 주변 온도보다 30℃ 이상 낮게 유지하는 것을 관찰하고, 낙타의 털이 피부 온도의 상승을 막아 주어 땀으로 나가는 수분의 양을 감소시킬 것이라고 생각하였다.
(나) 같은 지역에 있는 낙타를 두 집단 I과 II로 나눠 집단 I에서만 털을 깎은 후, I과 II 각각에서 1일 수분 손실량을 측정하였다.
(다) 일정 시간이 지난 후 조사한 1일 수분 손실량은 ㉠에서가 ㉡에서보다 많았다. ㉠과 ㉡은 각각 I과 II 중 하나이다.
(라) 낙타의 털은 더운 사막에서 땀으로 나가는 수분의 양을 감소시키는 역할을 한다고 결론을 내렸다.

이 자료에 대한 설명으로 옳은 것만을 〈보기〉에서 있는 대로 고른 것은? [3점]

─── 〈보 기〉 ───
ㄱ. ⓐ는 항상성의 예이다.
ㄴ. 조작 변인은 1일 수분 손실량이다.
ㄷ. ㉠은 실험군이다.

① ㄱ ② ㄴ ③ ㄱ, ㄴ ④ ㄱ, ㄷ ⑤ ㄴ, ㄷ

17. 다음은 어떤 가족의 유전 형질 ㉠과 ㉡에 대한 자료이다.

○ ㉠은 대립유전자 A와 A*에 의해, ㉡은 대립유전자 B와 B*에 의해 결정된다. A는 A*에 대해, B는 B*에 대해 각각 완전 우성이다.
○ 그림은 이 가족 구성원에서 체세포 1개당 A*, B*의 DNA 상대량을, 표는 ㉠과 ㉡이 발현된 사람의 수(X)를 나타낸 것이다.

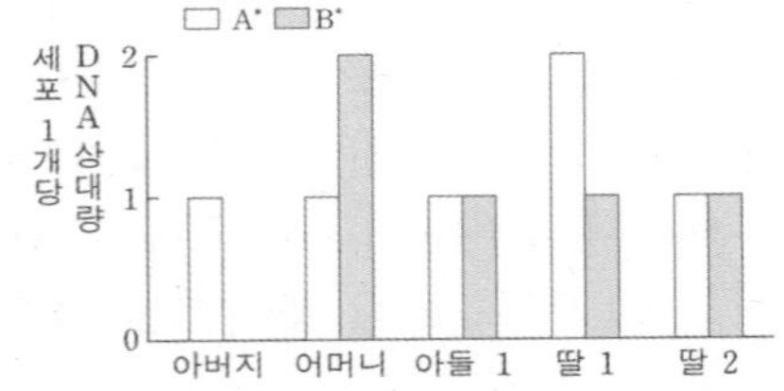

형질	X
㉠	2
㉡	3

(단위 : 명)

○ 어머니의 생식 세포 형성 과정에서 대립유전자 (가)가 대립유전자 (나)로 바뀌는 돌연변이가 1회 일어나 (나)를 갖는 생식 세포가 형성되었다. 이 생식 세포가 정상 생식 세포와 수정되어 딸 2가 태어났다. (가)와 (나)는 ㉠과 ㉡ 중 한 가지 형질을 결정하는 서로 다른 대립유전자이다.

이에 대한 설명으로 옳은 것만을 〈보기〉에서 있는 대로 고른 것은? (단, 제시된 돌연변이 이외의 돌연변이와 교차는 고려하지 않으며, A, A*, B, B* 각각의 1개당 DNA 상대량은 1이다.)

〈보 기〉

ㄱ. ㉠과 ㉡은 모두 우성 형질이다.
ㄴ. (가)는 A이다.
ㄷ. 아들 1의 동생이 태어날 때, 이 아이에게서 ㉠과 ㉡이 모두 발현되지 않을 확률은 $\frac{1}{4}$이다.

① ㄱ　② ㄴ　③ ㄱ, ㄷ　④ ㄴ, ㄷ　⑤ ㄱ, ㄴ, ㄷ

18. 그림 (가)는 중추 신경계에서 자율 신경 ㉠과 ㉡을 통한 혈당량 조절 경로의 일부를, (나)는 어떤 정상인의 근육 세포에서 세포 밖 포도당 농도에 따른 세포 안 포도당 농도를 나타낸 것이다. A와 B는 호르몬 ⓐ가 있을 때와 없을 때를 순서 없이 나타낸 것이고, X와 Y는 각각 글루카곤과 인슐린 중 하나이며, ⓐ는 X와 Y 중 하나이다.

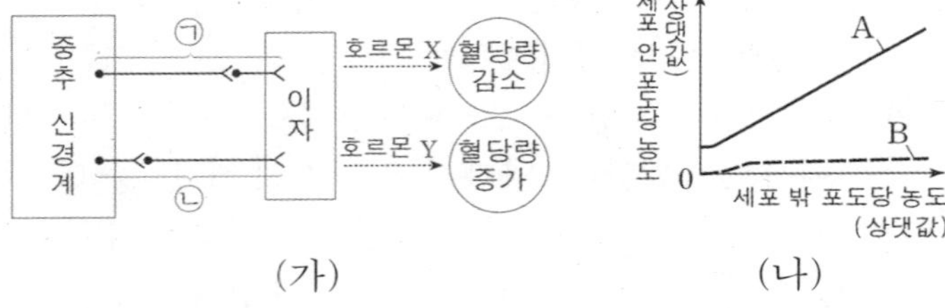

이에 대한 설명으로 옳은 것만을 〈보기〉에서 있는 대로 고른 것은? [3점]

〈보 기〉

ㄱ. ㉡의 신경절 이전 뉴런의 신경 세포체는 척수의 백색질에 존재한다.
ㄴ. B는 호르몬 X가 있을 때이다.
ㄷ. X와 Y는 혈중 포도당 농도 조절에 길항적으로 작용한다.

① ㄱ　② ㄷ　③ ㄱ, ㄴ　④ ㄴ, ㄷ　⑤ ㄱ, ㄴ, ㄷ

19. 다음은 어떤 집안의 유전 형질 (가)~(다)에 대한 자료이다.

○ (가)는 대립유전자 H와 h에 의해, (나)는 대립유전자 R와 r에 의해, (다)는 대립유전자 T와 t에 의해 결정된다. H는 h에 대해, R는 r에 대해, T는 t에 대해 완전 우성이다.
○ (가)~(다)의 유전자 중 2개의 유전자는 같은 염색체에 있다.
○ 가계도는 구성원 ⓐ와 ⓑ를 제외한 구성원 1~7에게서 (가)와 (나)의 발현 여부를 나타낸 것이다.

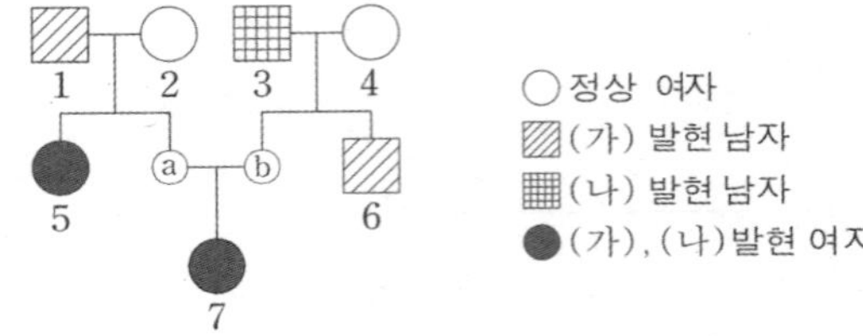

○ ⓐ, 3, 5는 (다)가 발현되었고, 6, 7은 (다)가 발현되지 않았다.
○ 표는 구성원 1, 3, ⓐ, ⓑ에서 체세포 1개당 ㉠과 ㉡의 DNA 상대량을 더한 값과 ㉠과 ㉢의 DNA 상대량을 더한 값을 나타낸 것이다. ㉠은 H와 h 중 하나이고, ㉡은 R와 r 중 하나이며, ㉢은 T와 t 중 하나이다.

구성원	1	3	ⓐ	ⓑ
㉠과 ㉡의 DNA 상대량을 더한 값	2	0	3	1
㉠과 ㉢의 DNA 상대량을 더한 값	3	?	?	3

이에 대한 설명으로 옳은 것만을 〈보기〉에서 있는 대로 고른 것은? (단, 돌연변이와 교차는 고려하지 않으며, H, h, R, r, T, t 각각의 1개당 DNA 상대량은 1이다.) [3점]

〈보 기〉

ㄱ. (나)와 (다)는 같은 염색체에 있다.
ㄴ. 2의 ㉡과 ㉢의 DNA 상대량을 더한 값은 2이다.
ㄷ. 4의 (가)~(다)의 유전자형은 모두 이형 접합성이다.

① ㄱ　② ㄴ　③ ㄱ, ㄷ　④ ㄴ, ㄷ　⑤ ㄱ, ㄴ, ㄷ

20. 그림 (가)는 어떤 동물의 체세포를 배양한 후 세포당 DNA 양에 따른 세포 수를, (나)는 이 동물의 분열 중인 세포 P에서 시간에 따른 어떤 1쌍의 상동 염색체 사이의 거리를 나타낸 것이다. t_1일 때 P는 후기의 세포이다.

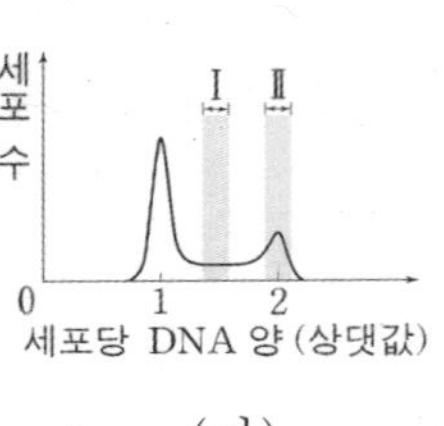

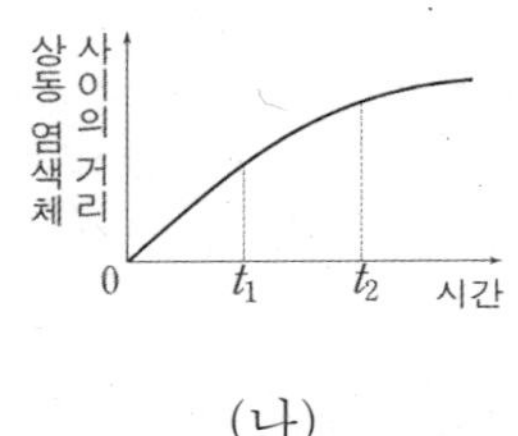

이에 대한 설명으로 옳은 것만을 〈보기〉에서 있는 대로 고른 것은?

〈보 기〉

ㄱ. t_2일 때 P는 중기의 세포이다.
ㄴ. 구간 Ⅰ에는 DNA 복제 중인 세포가 있다.
ㄷ. 구간 Ⅱ에는 t_2일 때의 P가 있다.

① ㄱ　② ㄴ　③ ㄷ　④ ㄱ, ㄴ　⑤ ㄴ, ㄷ

* 확인 사항
○ 답안지의 해당란에 필요한 내용을 정확히 기입(표기)했는지 확인하시오.

제4교시　**과학탐구 영역(생명과학I)**

| 성명 | | 수험 번호 | □□□□ — □□□□ | 제 〔 〕선택 |

---

1. 다음은 파리지옥에 대한 자료이다.

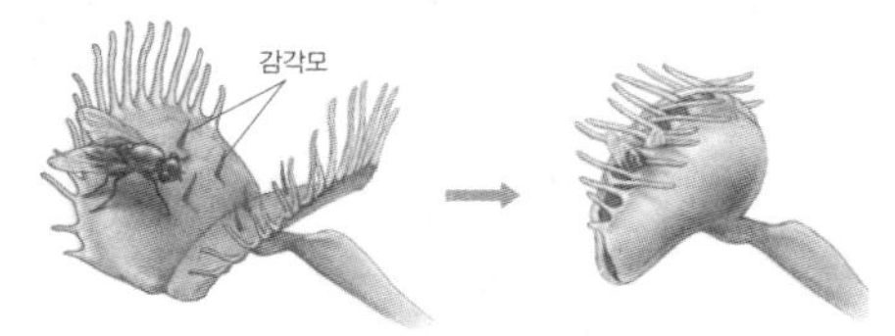

(가) 곤충이 잎에 앉아 감각모를 건드리면 잎의 양면이 갑자기 접혀 곤충을 잡는 ㉠자극에 대한 반응이 일어난다.

(나) 입의 안쪽에 존재하는 분비샘에 산과 소화액을 분비하여 곤충을 소화시켜 흡수한 후 ㉡단백질 합성에 사용한다.

(다) 곤충을 잡아 소화시켜 양분을 흡수하는 생활 양식은 질소가 부족한 척박한 땅에서 살아남기에 유리하다.

이에 대한 설명으로 옳은 것만을 〈보기〉에서 있는 대로 고른 것은?

─〈보 기〉─

ㄱ. '짚신벌레는 분열법으로 번식한다.'는 ㉠에 해당한다.

ㄴ. ㉡은 물질대사 중 이화 작용이다.

ㄷ. (다)는 적응과 진화의 예에 해당한다.

① ㄱ　② ㄷ　③ ㄱ, ㄴ　④ ㄴ, ㄷ　⑤ ㄱ, ㄴ, ㄷ

---

2. 표는 사람의 4가지 질병을 A~C로 구분하여 나타낸 것이다.

이에 대한 설명으로 옳은 것만을 〈보기〉에서 있는 대로 고른 것은?

구분	질병
A	㉠독감, 홍역
B	말라리아
C	결핵

─〈보 기〉─

ㄱ. ㉠은 감염성 질병이다.

ㄴ. A의 병원체는 스스로 물질대사를 하지 못한다.

ㄷ. B와 C의 병원체는 모두 핵을 가진다.

① ㄱ　② ㄷ　③ ㄱ, ㄴ　④ ㄴ, ㄷ　⑤ ㄱ, ㄴ, ㄷ

---

3. 그림은 어떤 사람의 체세포에 있는 염색체의 구조를 나타낸 것이다. 이 사람의 어떤 형질에 대한 유전자형은 Hh이다.

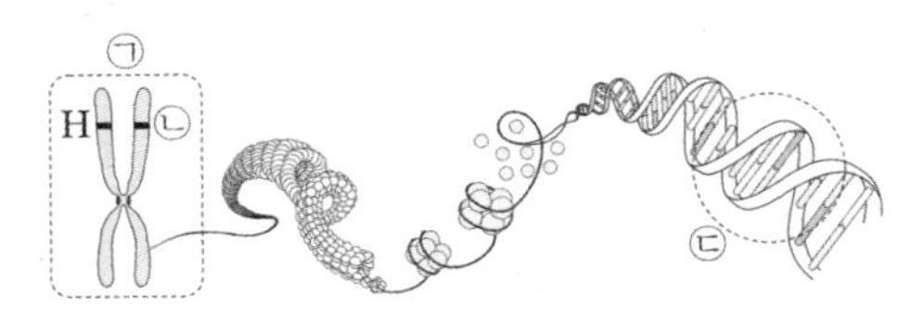

이에 대한 설명으로 옳은 것만을 〈보기〉에서 있는 대로 고른 것은? (단, 돌연변이는 고려하지 않는다.) [3점]

─〈보 기〉─

ㄱ. 세포 주기 중 S기에서 ㉠이 관찰된다.

ㄴ. ㉡은 대립유전자 h이다.

ㄷ. ㉢의 기본 단위는 뉴클레오타이드이다.

① ㄱ　② ㄴ　③ ㄷ　④ ㄱ, ㄷ　⑤ ㄴ, ㄷ

---

4. 그림은 사람에서 물질 X가 Y로 분해된 후 세포 호흡을 통해 Y로부터 최종 분해 산물과 에너지가 생성되는 과정을 나타낸 것이다. X, Y, ㉠, ㉡은 포도당, 물, 산소, 녹말을 순서 없이 나타낸 것이다.

이에 대한 설명으로 옳은 것만을 〈보기〉에서 있는 대로 고른 것은?

─〈보 기〉─

ㄱ. Y는 포도당이다.

ㄴ. ⓐ는 모두 ATP에 저장된다.

ㄷ. 호흡계와 배설계는 모두 ㉡ 제거에 관여한다.

① ㄱ　② ㄴ　③ ㄷ　④ ㄱ, ㄷ　⑤ ㄴ, ㄷ

---

5. 그림은 어떤 개체군의 생장 곡선을 나타낸 것이며, A와 B는 각각 이론적 생장 곡선과 실제 생장 곡선 중 하나이다.

이에 대한 설명으로 옳은 것만을 〈보기〉에서 있는 대로 고른 것은? (단, 이 개체군에서 이입과 이출은 없다.) [3점]

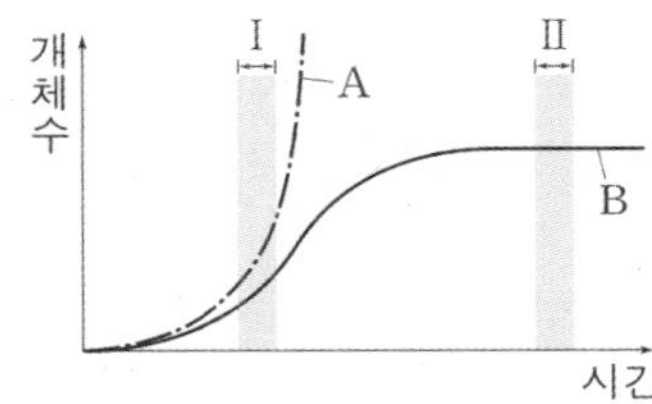

─〈보 기〉─

ㄱ. A는 이론적 생장 곡선이다.

ㄴ. B에서의 환경 저항은 구간 Ⅰ에서보다 구간 Ⅱ에서 작다.

ㄷ. B에서 이 개체군의 밀도는 구간 Ⅰ에서보다 구간 Ⅱ에서 작다.

① ㄱ　② ㄴ　③ ㄷ　④ ㄱ, ㄴ　⑤ ㄱ, ㄷ

---

6. 다음은 근육 원섬유 마디 X에서 서로 다른 세 지점의 단면 Ⅰ~Ⅲ을, 표는 두 시점 t_1과 t_2일 때 X에서 단면이 Ⅰ~Ⅲ과 같은 구간의 길이를 나타낸 것이다. X에서 단면이 Ⅰ~Ⅲ과 같은 구간의 길이의 합은 X의 길이와 같으며, X는 좌우 대칭이다.

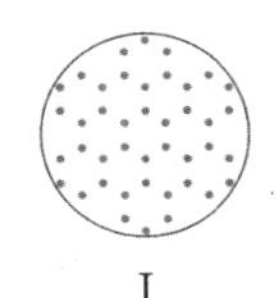
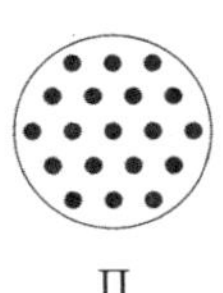
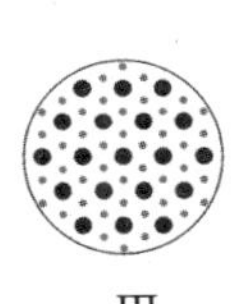
Ⅰ　　Ⅱ　　Ⅲ

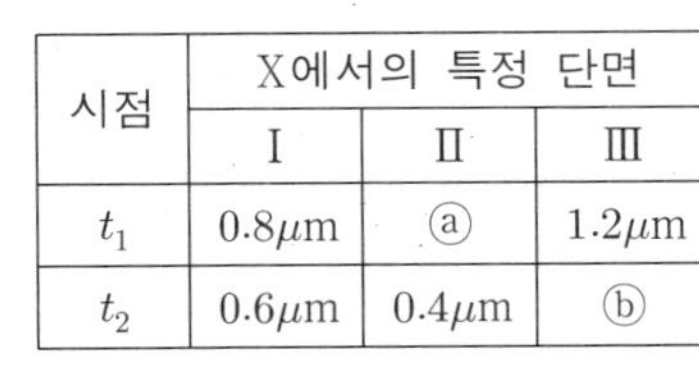

시점	X에서의 특정 단면		
	Ⅰ	Ⅱ	Ⅲ
t_1	$0.8\mu m$	ⓐ	$1.2\mu m$
t_2	$0.6\mu m$	$0.4\mu m$	ⓑ

이에 대한 설명으로 옳은 것만을 〈보기〉에서 있는 대로 고른 것은? [3점]

─〈보 기〉─

ㄱ. t_1에서 t_2로 될 때 X에서 ATP가 소모된다.

ㄴ. ⓐ+ⓑ=$2.0\mu m$이다.

ㄷ. 단면이 Ⅲ과 같은 구간에 A대와 I대가 모두 포함된다.

① ㄱ　② ㄷ　③ ㄱ, ㄴ　④ ㄴ, ㄷ　⑤ ㄱ, ㄴ, ㄷ

7. 다음은 대사성 질환과 에너지 균형에 대한 학생 A~C의 대화 내용이다.

제시한 내용이 옳은 학생만을 있는 대로 고른 것은?

① A　　② B　　③ C　　④ A, B　　⑤ A, C

8. 표는 특징 (가)~(다) 중 2가지를 순서 없이 나타낸 것이고, 그림은 중추 신경계를 구성하는 구조 A~D를 특징 (가)~(다)의 유무에 따라 구분한 것이다. A는 연수이고, B~D는 각각 소뇌, 척수, 중간뇌 중 하나이다.

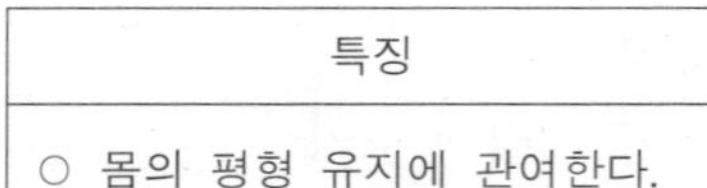
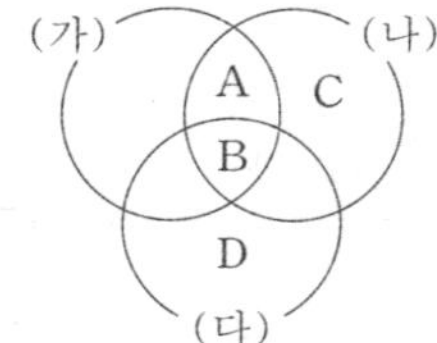

특징
○ 몸의 평형 유지에 관여한다.
○ 자율 신경이 나온다.

이에 대한 설명으로 옳은 것만을 〈보기〉에서 있는 대로 고른 것은?

───〈보 기〉───
ㄱ. C는 배변 반사의 중추이다.
ㄴ. D는 동공 반사의 중추이다.
ㄷ. (가)의 특징에 '뇌줄기에 속한다.'라고 할 수 있다.

① ㄱ　　② ㄴ　　③ ㄱ, ㄷ　　④ ㄴ, ㄷ　　⑤ ㄱ, ㄴ, ㄷ

9. 다음은 민말이집 신경 A와 B의 흥분 전도와 전달에 대한 자료이다.

○ 그림은 A와 B의 지점 d_1~d_5의 위치를, 표는 ㉮ A의 지점 X에, B의 지점 Y에 역치 이상의 자극을 동시에 1회 주고 경과된 시간이 4ms일 때 d_1~d_5에서 측정한 막전위를 나타낸 것이다. X, Y는 각각 d_1~d_5 중 하나이고, I~V는 d_1~d_5를 순서 없이 나타낸 것이다. A와 B 중 하나는 2개의 뉴런으로 구성되어 있고, ㉠~㉢ 중 한 곳에만 시냅스가 있다.

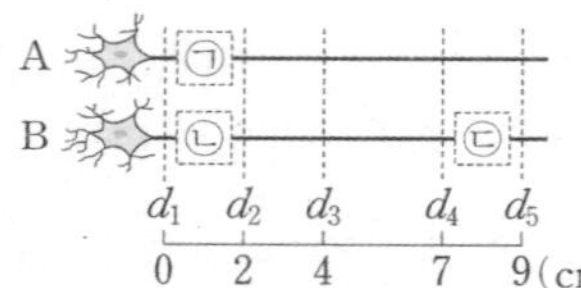

신경	4ms일 때 측정한 막전위(mV)				
	I	II	III	IV	V
A	−65	?	−80	?	−80
B	−80	0	?	?	−70

○ A와 B 중 하나를 구성하는 두 뉴런의 흥분 전도 속도와 나머지 하나의 흥분 전도 속도는 모두 ㉯이다. ㉯는 1cm/ms, 2cm/ms 중 하나이다.

○ A와 B의 d_1~d_5에서 활동 전위가 발생하였을 때, 각 지점에서의 막전위 변화는 그림과 같다.

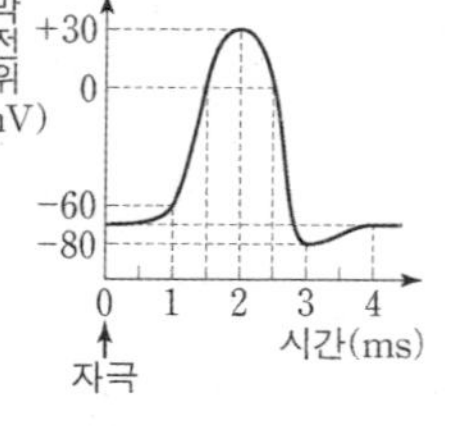

㉮가 3ms일 때 A의 IV에서의 막전위를 ⓐ, ㉮가 2ms일 때 B의 I에서의 막전위를 ⓑ라고 할 때, ⓐ와 ⓑ를 더한 값(ⓐ+ⓑ)은? (단, A와 B에서 흥분의 전도는 각각 1회 일어났고, 휴지 전위는 −70mV이다.)

① −35mV　② −50mV　③ −80mV　④ −125mV　⑤ −145mV

10. 다음은 병원성 세균 X, Y, Z, W에 대한 생쥐의 방어 작용 실험이다.

〔실험 과정 및 결과〕

(가) 그림은 X~W에 있는 모든 항원을 나타낸 것이다. 생쥐 종 P에서 ㉠~㉢ 중 한 항원에 대한 기억 세포는 형성되지 않고, 다른 한 항원에 대한 형질 세포는 형성되지 않는다.

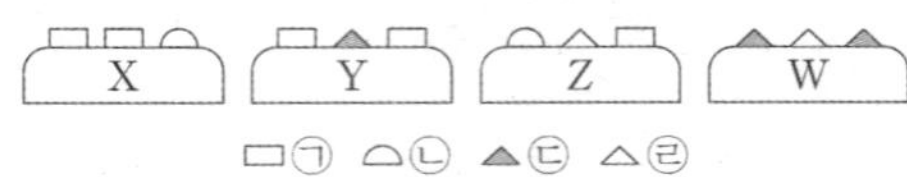

(나) 유전적으로 동일하고, X~W 중 서로 다른 한 세균에 노출된 적이 있는 생쥐 종 P인 I, II, III, IV를 준비한다.

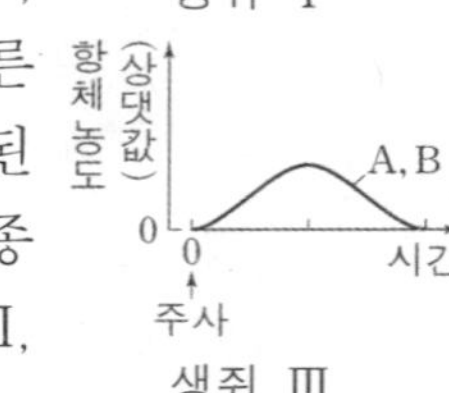
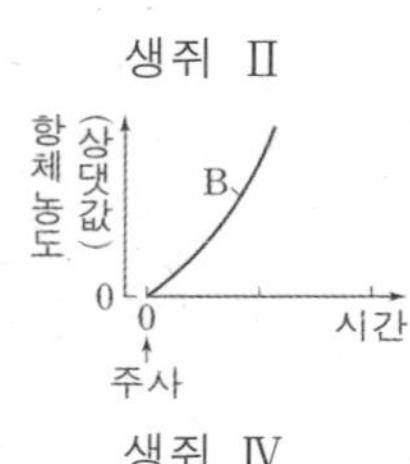

(다) I, II, III, IV에게 X~W 중 각 생쥐가 노출된 적이 없는 서로 다른 한 세균을 각각 주사한 후 시간에 따른 혈중 항체 A, B, C, D의 농도를 측정한다. A~C는 ㉠~㉢ 중 3개의 항원에 대한 항체를 순서 없이 나타낸 것이다. I은 X에 노출된 적이 없다.

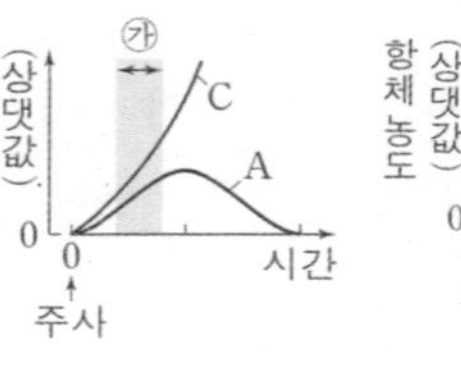
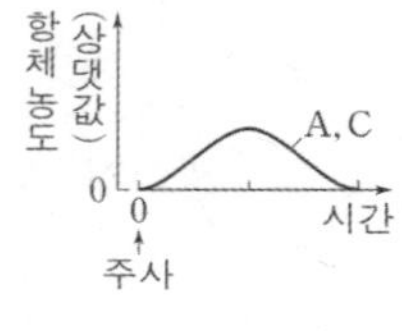

이에 대한 설명으로 옳은 것만을 〈보기〉에서 있는 대로 고른 것은? (단, 제시된 조건 이외는 고려하지 않는다.) [3점]

───〈보 기〉───
ㄱ. A는 ㉠에 대한 항체이다.
ㄴ. (다)에서 생쥐 III에게 X를 주사하였다.
ㄷ. 구간 ㉮에서 ㉢에 대한 체액성 면역 반응이 일어났다.

① ㄱ　　② ㄴ　　③ ㄷ　　④ ㄱ, ㄴ　　⑤ ㄱ, ㄷ

11. 어떤 종($2n=6$)의 유전 형질 R은 3쌍의 대립유전자 A와 a, B와 b, D와 d에 의해 결정된다. 그림은 이 동물 개체 I의 세포 (가)와 개체 II의 세포 (나) 각각에 들어 있는 모든 염색체를, 표는 (가)와 (나)에서 대립유전자 ㉠, ㉡, ㉢, ㉣ 중 2개의 DNA 상대량을 더한 값을 나타낸 것이다. ㉠~㉣은 A, a, b, d를 순서 없이 나타낸 것이고, I과 II의 R의 유전자형은 각각 AaBbDd와 Aabbdd 중 하나이다.

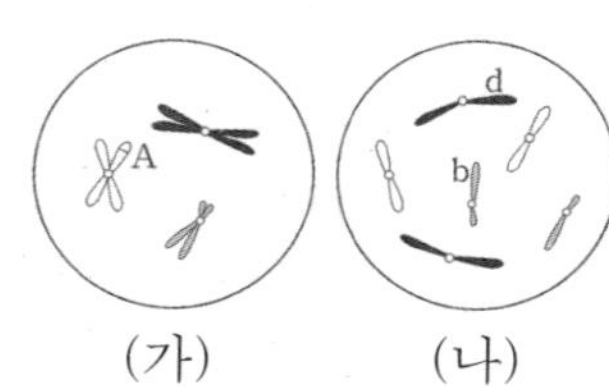

세포	DNA 상대량을 더한 값			
	㉠+㉡	㉠+㉢	㉡+㉣	㉢+㉣
(가)	2	ⓐ	2	4
(나)	?	4	ⓑ	3

이에 대한 설명으로 옳은 것만을 〈보기〉에서 있는 대로 고른 것은?(단, 돌연변이는 고려하지 않으며, A, a, B, b, D, d 각각 1개당 DNA 상대량은 1이다.) [3점]

───〈보 기〉───
ㄱ. I의 유전자형은 AaBbDd이다.
ㄴ. ⓐ+ⓑ=6이다.
ㄷ. (가)의 b의 DNA 상대량과 (나)의 d의 DNA 상대량은 같다.

① ㄱ　　② ㄷ　　③ ㄱ, ㄴ　　④ ㄴ, ㄷ　　⑤ ㄱ, ㄴ, ㄷ

12. 그림은 사람에서 시상 하부 온도에 따른 ㉠과 ㉡을 나타낸 것이다. ㉠과 ㉡은 각각 근육에서의 열 발생량(열 생산량)과 피부에서의 열 발산량(열 방출량) 중 하나이다.

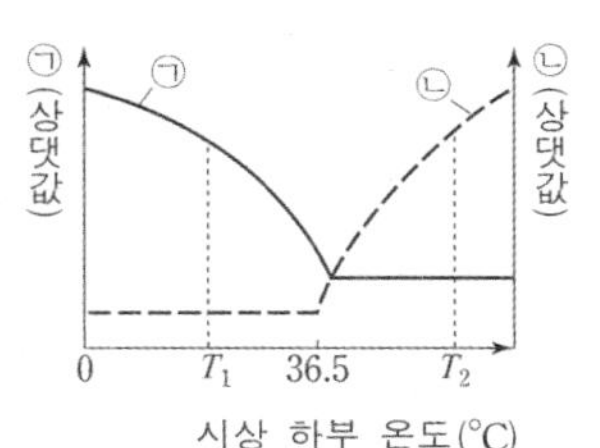

이에 대한 설명으로 옳은 것만을 〈보기〉에서 있는 대로 고른 것은? [3점]

─〈보 기〉─

ㄱ. ㉠은 피부에서의 열 발산량(열 방출량)이다.
ㄴ. TSH의 분비량은 T_1일 때가 T_2일 때보다 많다.
ㄷ. 단위 시간당 피부 근처 혈관을 흐르는 혈액의 양은 T_2일 때가 T_1일 때보다 많다.

① ㄱ ② ㄴ ③ ㄷ ④ ㄱ, ㄴ ⑤ ㄴ, ㄷ

13. 그림 (가)는 정상인에게서 전체 혈액량이 정상 상태일 때와 ⓐ일 때 혈장 삼투압에 따른 호르몬 X의 혈중 농도를, (나)는 이 정상인에게 호르몬 X를 혈관에 투여한 후, 시간에 따른 오줌 생성량의 변화를 나타낸 것이다. 호르몬 X는 뇌하수체 후엽에서 분비되며, ⓐ는 정상 상태일 때보다 전체 혈액량이 증가한 상태와 감소한 상태 중 하나이다.

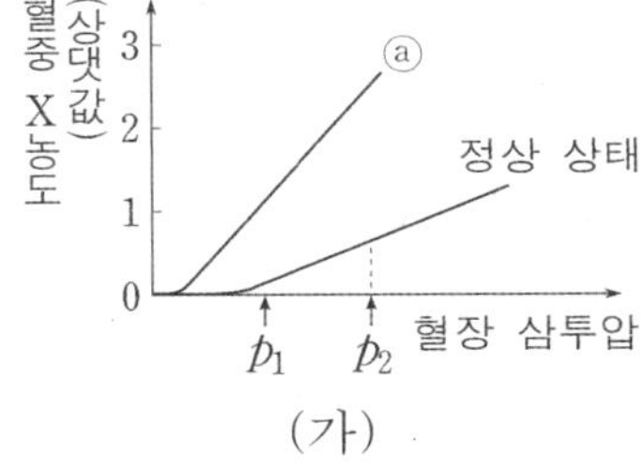

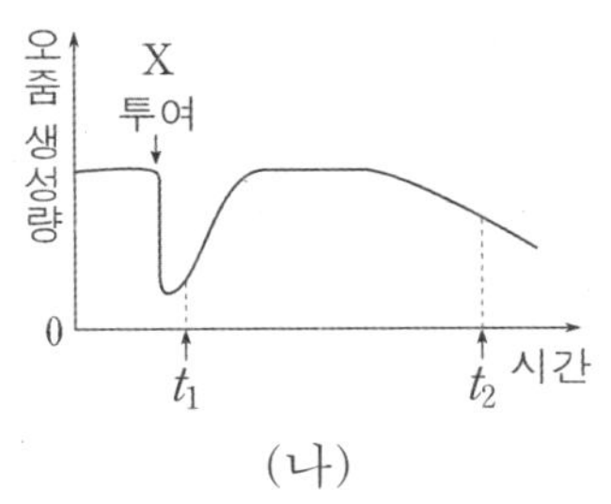

이에 대한 설명으로 옳은 것만을 〈보기〉에서 있는 대로 고른 것은? (단, 제시된 자료 이외에 체내 수분량에 영향을 미치는 요인은 없다.) [3점]

─〈보 기〉─

ㄱ. ⓐ는 정상일 때보다 전체 혈액량이 증가한 상태이다.
ㄴ. 정상 상태일 때 오줌 삼투압은 p_1일 때보다 p_2일 때가 높다.
ㄷ. 체내 수분량은 t_2일 때보다 t_1일 때가 높다.

① ㄱ ② ㄴ ③ ㄷ ④ ㄱ, ㄴ ⑤ ㄴ, ㄷ

14. 그림은 생태계를 구성하는 요소 사이의 상호 관계를 나타낸 것이다.

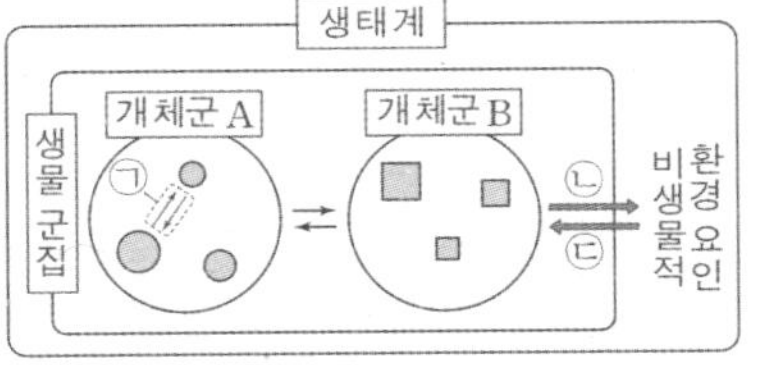

이에 대한 설명으로 옳은 것만을 〈보기〉에서 있는 대로 고른 것은?

─〈보 기〉─

ㄱ. 텃세는 ㉠에 해당한다.
ㄴ. 개체군 A는 한 종의 생물로만 구성된다.
ㄷ. ㉡은 상호 작용에 해당한다.

① ㄱ ② ㄴ ③ ㄷ ④ ㄱ, ㄴ ⑤ ㄱ, ㄷ

15. 다음은 사람의 유전 형질 (가)와 (나)에 대한 자료이다.

○ (가)는 대립유전자 A와 a, B와 b, D와 d에 의해 결정된다. (가)의 표현형은 유전자형에서 대문자로 표시되는 대립유전자의 수에 의해서만 결정되며, 이 대립유전자의 수가 다르면 표현형이 다르다.
○ (나)는 1쌍의 대립유전자에 의해 결정되며, 대립유전자에는 E, F, G가 있고, (나)의 표현형은 3가지이다. E는 F와 G에 대해, F는 G에 대해 완전 우성이다.
○ (가)의 표현형이 서로 같은 P와 Q 사이에서 ⓐ 아이가 태어날 때, 이 아이에게서 나타날 수 있는 표현형은 최대 13가지이고, 유전자형이 BbDdFG인 아이가 태어났다.
○ 그림은 P의 체세포에 들어있는 일부 상염색체와 유전자를 나타낸 것이다. ㉠은 B와 b 중 하나, ㉡은 E, F, G 중 하나이다.

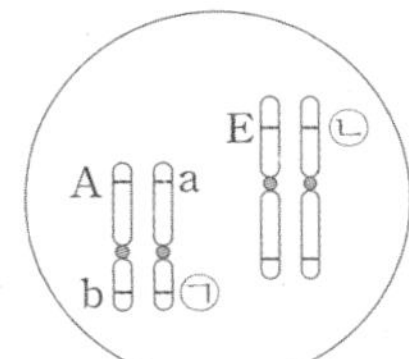

이에 대한 설명으로 옳은 것만을 〈보기〉에서 있는 대로 고른 것은? (단, 돌연변이와 교차는 고려하지 않는다.) [3점]

─〈보 기〉─

ㄱ. (가)와 (나)는 모두 단일 인자 유전이다.
ㄴ. ㉡은 G이다.
ㄷ. ⓐ의 (가)와 (나)에 대한 표현형이 P와 다를 확률은 $\frac{3}{4}$이다.

① ㄱ ② ㄴ ③ ㄷ ④ ㄱ, ㄴ ⑤ ㄴ, ㄷ

16. 다음은 사람의 유전 형질 (가)~(다)에 대한 자료이다.

○ (가)는 대립유전자 A와 a에 의해, (나)는 대립유전자 B와 b에 의해, (다)는 대립유전자 D와 d에 의해 결정된다. 각 대립유전자 사이의 우열 관계는 분명하다.
○ 표는 P의 세포 Ⅰ, Ⅱ와 Q의 세포 Ⅲ, Ⅳ에서 유전자 ㉠~㉟의 유무를 나타낸 것이다. P는 여자이고, ㉠~㉟은 A, a, B, b, D, d를 순서 없이 나타낸 것이다.

유전자	P의 세포		Q의 세포	
	Ⅰ	Ⅱ	Ⅲ	Ⅳ
㉠	○	○	○	○
㉡	?	×	?	?
㉢	×	○	×	○
㉣	○	○	×	?
㉤	?	×	○	×
㉥	×	○	?	?

(○: 있음, ×: 없음)

이에 대한 설명으로 옳은 것만을 〈보기〉에서 있는 대로 고른 것은? (단, 돌연변이와 교차는 고려하지 않는다.)

─〈보 기〉─

ㄱ. Ⅲ과 Ⅳ의 핵상은 서로 다르다.
ㄴ. ㉠은 ㉥의 대립유전자이다.
ㄷ. (가)~(다)의 유전자는 모두 서로 다른 염색체에 있다.

① ㄱ ② ㄴ ③ ㄱ, ㄷ ④ ㄴ, ㄷ ⑤ ㄱ, ㄴ, ㄷ

17. 다음은 어떤 가족의 유전 형질 ㉠~㉢에 대한 자료이다.

○ ㉠은 대립유전자 H와 h에 의해, ㉡은 대립유전자 R와 r에 의해, ㉢은 대립유전자 T와 t에 의해 결정되며, 각 대립유전자 사이의 우열 관계는 분명하다.

○ ㉠~㉢의 유전자 중 2개는 X 염색체에, 나머지는 1개는 상염색체에 있다.

○ 표는 구성원의 성별, 대립유전자 H, R, T의 DNA 상대량과 ㉠~㉢의 발현 여부를 나타낸 것이다.

구성원	성별	DNA 상대량			유전 형질		
		H	R	T	㉠	㉡	㉢
아버지	남	0	1	1	×	×	×
어머니	여	2	1	0	○	?	○
자녀 1	남	ⓐ	?	?	○	×	○
자녀 2	여	?	?	?	○	○	×
자녀 3	?	?	ⓑ	?	×	○	?
자녀 4	여	?	?	ⓒ	×	?	○

(○: 발현됨, ×: 발현 안 됨)

○ 아버지와 어머니 중 한 명의 생식세포 형성 과정에서 대립 유전자 ㉮가 대립유전자 ㉯로 바뀌는 돌연변이가 1회 일어나 ㉯를 갖는 생식세포가 형성되었다. 이 생식세포가 정상 생식세포와 수정되어 자녀 1~4 중 한 명이 태어났다. ㉮와 ㉯는 ㉠~㉢ 중 한 가지 형질을 결정하는 서로 다른 대립 유전자이다.

이에 대한 설명으로 옳은 것만을 〈보기〉에서 있는 대로 고른 것은? (단, 제시된 돌연변이 이외의 돌연변이와 교차는 고려하지 않으며, H, h, R, r, T, t 각각의 1개당 DNA 상대량은 1이다.)

─────── 〈 보 기 〉───────

ㄱ. ㉠~㉢은 모두 열성 형질이다.

ㄴ. ㉮는 h이다.

ㄷ. ⓐ+ⓑ+ⓒ=3이다.

① ㄱ　　② ㄴ　　③ ㄱ, ㄷ　　④ ㄴ, ㄷ　　⑤ ㄱ, ㄴ, ㄷ

18. 그림 (가)는 어떤 지역에서 산불이 일어나 2차 천이가 일어나기 전과 후의 천이 과정의 일부를, (나)는 이 지역에서 시간에 따른 종 ㉠과 ㉡의 개체군 밀도를 나타낸 것이다. A~D는 초원, 양수림, 음수림, 혼합림을 순서 없이 나타낸 것이고, ㉠과 ㉡은 각각 A에서의 우점종과 C에서의 우점종 중 하나이다.

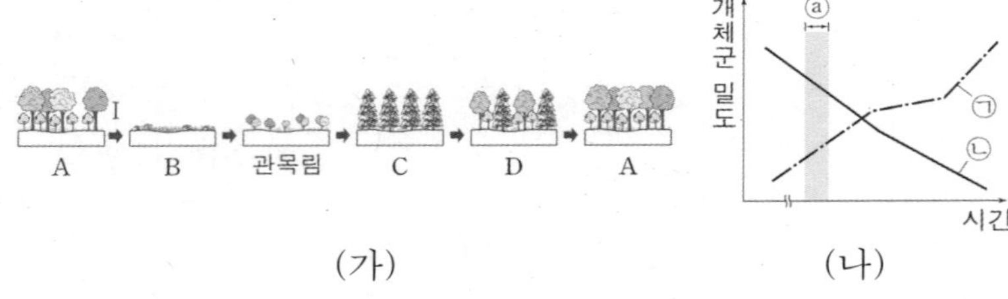

이에 대한 설명으로 옳은 것만을 〈보기〉에서 있는 대로 고른 것은?

─────── 〈 보 기 〉───────

ㄱ. 과정 Ⅰ에서 산불이 일어났다.

ㄴ. 구간 ⓐ의 개체군 밀도 변화는 A에서 나타난다.

ㄷ. 이 식물의 군집은 D에서 극상을 이룬다.

① ㄱ　　② ㄴ　　③ ㄷ　　④ ㄱ, ㄴ　　⑤ ㄱ, ㄷ

19. 다음은 어떤 집안의 유전 형질 (가)와 (나)에 대한 자료이다.

○ (가)는 대립유전자 A와 A*에 의해, (나)는 대립유전자 B와 B*에 의해 결정된다. A는 A*에 대해, B는 B*에 대해 각각 완전 우성이다.

○ (가)와 (나)의 유전자는 같은 염색체에 존재한다.

○ 가계도는 구성원 ⓐ를 제외한 나머지 구성원에게서 (가)와 (나)의 발현 여부를 나타낸 것이다.

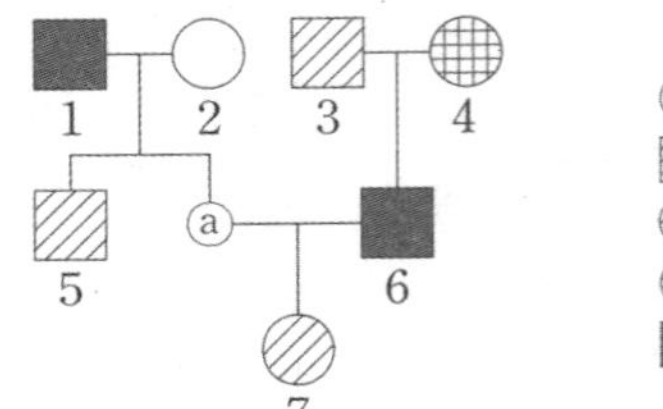

○ ⓐ의 (나)에 대한 유전자형은 4, 7과 모두 다르다.

○ ⓐ에서는 (가)와 (나) 중 하나의 형질만 발현되었다.

이에 대한 설명으로 옳은 것만을 〈보기〉에서 있는 대로 고른 것은? (단, 돌연변이와 교차는 고려하지 않는다.) [3점]

─────── 〈 보 기 〉───────

ㄱ. (나)는 우성 형질이다.

ㄴ. 1~7 중 A와 B*를 모두 갖는 사람은 모두 4명이다.

ㄷ. 7의 동생이 태어날 때, 이 아이에게서 (가)와 (나) 중 (나)만 발현될 확률은 $\frac{1}{4}$이다.

① ㄱ　　② ㄴ　　③ ㄱ, ㄷ　　④ ㄴ, ㄷ　　⑤ ㄱ, ㄴ, ㄷ

20. 그림은 생명 과학의 탐구 방법 중 한 가지를 나타낸 것이고, 자료는 카로가 수행한 탐구를 나타낸 것이다. A~C는 각각 결과 해석, 탐구 설계 및 수행 단계, 가설 설정 중 하나이다.

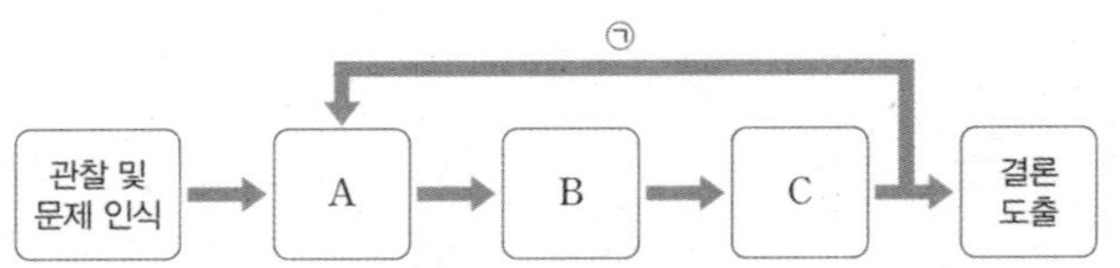

카로의 탐구 : 가젤 영양이 특이한 뜀뛰기 행동을 하는 것을 관찰하였다. ⓐ 반복적으로 관찰한 내용을 바탕으로 하여 '포식자가 주변에 나타나면 가젤 영양은 엉덩이를 치켜드는 뜀뛰기 행동을 한다.' 라고 결론을 내렸다.

이 자료에 대한 설명으로 옳은 것만을 〈보기〉에서 있는 대로 고른 것은? [3점]

─────── 〈 보 기 〉───────

ㄱ. ⓐ에 그림의 탐구 방법이 이용되었다.

ㄴ. ㉠은 탐구 결과가 가설과 일치할 때의 경로이다.

ㄷ. 대조 실험과 변인 통제가 이루어지는 단계는 B이다.

① ㄱ　　② ㄴ　　③ ㄷ　　④ ㄱ, ㄴ　　⑤ ㄱ, ㄴ, ㄷ

* 확인 사항

○ 답안지의 해당란에 필요한 내용을 정확히 기입(표기)했는지 확인 하시오.

제4교시
과학탐구 영역(생명과학Ⅰ)

| 성명 | | 수험 번호 | | | — | | | 제 〔 〕 선택 |

---

1. 다음은 생물의 특성의 예를 나타낸 것이다. (가)와 (나)는 각각 발생과 생장, 항상성 중 하나이다.

> (가) 정상인에서 운동 후 혈당량이 감소하면 ⓐ 글루카곤 분비가 촉진된다.
> (나) 개구리 알은 올챙이를 거쳐 개구리가 된다.

이에 대한 설명으로 옳은 것만을 〈보기〉에서 있는 대로 고른 것은?

> ─────── 〈보 기〉 ───────
> ㄱ. (가)는 항상성이다.
> ㄴ. '식물이 빛을 향해 굽어 자란다.'는 (나)의 예에 해당한다.
> ㄷ. ⓐ는 간에서 글리코젠의 분해를 촉진한다.

① ㄱ　　② ㄴ　　③ ㄱ, ㄴ　　④ ㄱ, ㄷ　　⑤ ㄴ, ㄷ

2. 그림은 사람에서 일어나는 물질대사 과정 (가)와 (나)를 나타낸 것이다.

이에 대한 설명으로 옳은 것만을 〈보기〉에서 있는 대로 고른 것은? [3점]

> ─────── 〈보 기〉 ───────
> ㄱ. (가)에서 인산 결합이 끊어진다.
> ㄴ. (나)에서 동화 작용이 일어난다.
> ㄷ. (가)와 (나)에서 모두 효소가 이용된다.

① ㄴ　　② ㄷ　　③ ㄱ, ㄴ　　④ ㄱ, ㄷ　　⑤ ㄱ, ㄴ, ㄷ

3. 그림은 중추 신경계로부터 자율 신경을 통해 방광과 동공에 연결된 경로를, 표는 뉴런 ⊙과 ⓒ에 역치 이상의 자극을 주었을 때 기관에서 나타나는 반응을 나타낸 것이다. ⓐ와 ⓑ에 각각 하나의 신경절이 있고, ⓒ과 ⓔ의 말단에서 분비되는 신경 전달 물질은 서로 다르며, ㉮는 '증가됨'와 '감소됨' 중 하나이다.

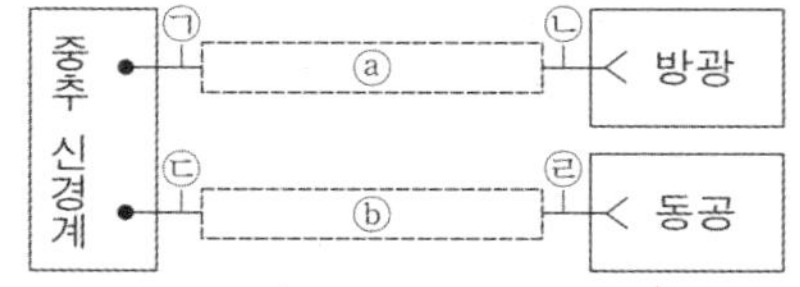

기관	반응
방광	방광의 수축력 (㉮)
동공	동공 확장됨

이에 대한 설명으로 옳은 것만을 〈보기〉에서 있는 대로 고른 것은? [3점]

> ─────── 〈보 기〉 ───────
> ㄱ. ㉮는 '감소됨'이다.
> ㄴ. ⊙의 신경 세포체는 척수의 회색질에 있다.
> ㄷ. ⊙과 ⓔ 각각의 축삭의 길이를 더한 값 / ⓒ과 ⓒ 각각의 축삭의 길이를 더한 값 은 1보다 작다.

① ㄴ　　② ㄷ　　③ ㄱ, ㄴ　　④ ㄱ, ㄷ　　⑤ ㄴ, ㄷ

4. 그림은 어떤 식물 군집에서 산불 전후의 천이 과정 일부를 나타낸 것이다. 과정 Ⅰ~Ⅲ 중 한 시점에서 산불이 일어났고, ⊙~⑩은 초원, 관목림, 양수림, 혼합림, 음수림을 순서 없이 나타낸 것이다. 지표면에 도달하는 빛의 세기는 ⑩에서가 ⊙에서보다 강하다.

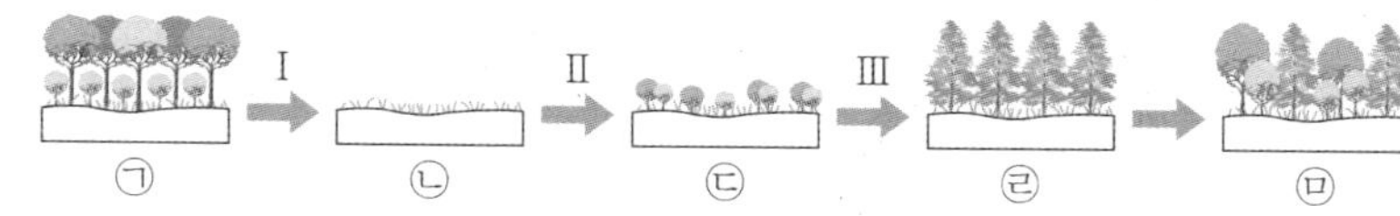

이에 대한 설명으로 옳은 것만을 〈보기〉에서 있는 대로 고른 것은?

> ─────── 〈보 기〉 ───────
> ㄱ. ⊙은 음수림이다.
> ㄴ. 과정 Ⅱ에서 산불이 일어났다.
> ㄷ. 이 식물의 군집은 ⑩에서 극상을 이룬다.

① ㄱ　　② ㄴ　　③ ㄱ, ㄷ　　④ ㄴ, ㄷ　　⑤ ㄱ, ㄴ, ㄷ

5. 그림 (가)는 어떤 사람의 체세포를 배양한 후 세포당 DNA 양에 따른 세포 수를, (나)는 이 사람의 체세포에 물질 ⊙을 처리한 후 배양했을 때 세포당 DNA 양에 따른 세포 수를 나타낸 것이다.

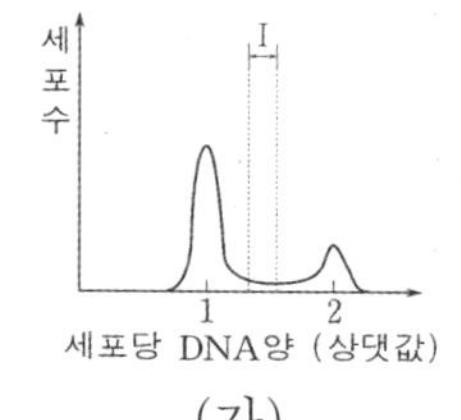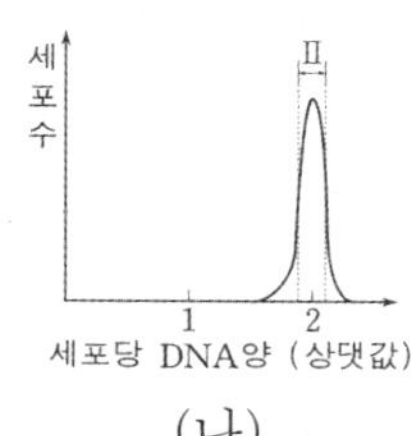

이에 대한 설명으로 옳은 것만을 〈보기〉에서 있는 대로 고른 것은?

> ─────── 〈보 기〉 ───────
> ㄱ. 구간 Ⅰ에서 DNA 복제가 일어난다.
> ㄴ. 구간 Ⅱ에서 2가 염색체가 관찰된다.
> ㄷ. 방추사 형성을 억제하는 물질은 ⊙이 될 수 있다.

① ㄱ　　② ㄴ　　③ ㄱ, ㄷ　　④ ㄴ, ㄷ　　⑤ ㄱ, ㄴ, ㄷ

6. 표는 사람 몸을 구성하는 기관계의 특징을 나타낸 것이다. A~C는 배설계, 호흡계, 소화계를 순서 없이 나타낸 것이다.

기관계	특징
A	음식물을 분해하여 영양소를 흡수한다.
B	기관, 기관지, 폐 등으로 이루어져 있다.
C	⊙

이에 대한 설명으로 옳은 것만을 〈보기〉에서 있는 대로 고른 것은?

> ─────── 〈보 기〉 ───────
> ㄱ. 대장은 C에 속한다.
> ㄴ. '오줌을 통해 노폐물을 몸 밖으로 내보낸다.'는 ⊙에 해당한다.
> ㄷ. 연수는 A와 B에서 일어나는 운동 조절의 중추이다.

① ㄱ　　② ㄷ　　③ ㄱ, ㄴ　　④ ㄴ, ㄷ　　⑤ ㄱ, ㄴ, ㄷ

7. 그림 (가)는 어떤 사람의 시상 하부에 설정된 온도 변화에 따른 체온 변화를, (나)는 사람에서 호르몬 A와 B의 분비 경로를 나타낸 것이다. ㉠과 ㉡은 각각 시상 하부에 설정된 온도와 체온 중 하나를, A와 B는 각각 에피네프린과 티록신 중 하나이다.

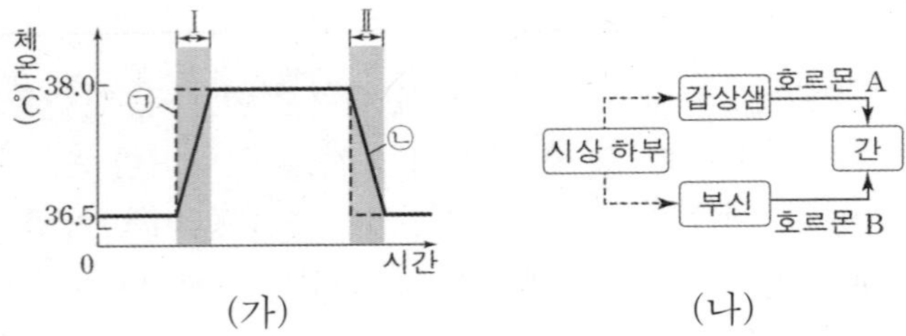

이에 대한 설명으로 옳은 것만을 〈보기〉에서 있는 대로 고른 것은?

─── 〈보 기〉───

ㄱ. ㉠은 시상 하부에 설정된 온도이다.

ㄴ. A의 분비는 길항 작용에 의해 조절된다.

ㄷ. B의 분비량은 구간 Ⅱ에서가 구간 Ⅰ에서보다 많다.

① ㄱ   ② ㄴ   ③ ㄱ, ㄷ   ④ ㄴ, ㄷ   ⑤ ㄱ, ㄴ, ㄷ

8. 그림은 세 가지 유형의 생존 곡선을 나타낸 것이다. P, Q, R은 각각 Ⅰ형, Ⅱ형, Ⅲ형 생존 곡선을 따르는 종이다.

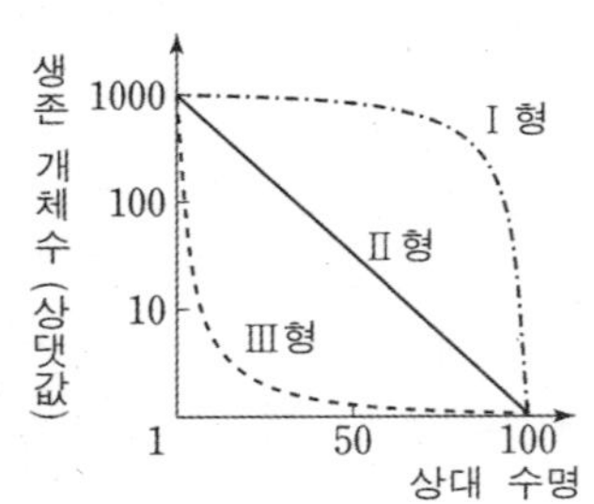

이에 대한 설명으로 옳은 것만을 〈보기〉에서 있는 대로 고른 것은?

─── 〈보 기〉───

ㄱ. 출생 직후 받는 환경 저항은 R에서보다 P에서 작다.

ㄴ. 어류의 생존 곡선은 Ⅱ형에 해당한다.

ㄷ. P와 Q는 동일한 개체군에 속한다.

① ㄱ   ② ㄷ   ③ ㄱ, ㄴ   ④ ㄱ, ㄷ   ⑤ ㄴ, ㄷ

9. 그림은 같은 종인 동물($2n=?$) Ⅰ과 Ⅱ의 세포 (가) ~ (라) 각각에 들어 있는 모든 염색체를 나타낸 것이다. (가) ~ (라) 중 2개는 암컷 Ⅰ의 세포이며, 나머지 2개는 수컷 Ⅱ의 세포이다. 이 동물의 성염색체는 암컷이 XX, 수컷이 XY이다. A는 a와 대립유전자이고, ㉠과 ㉡은 A와 a를 순서 없이 나타낸 것이다.

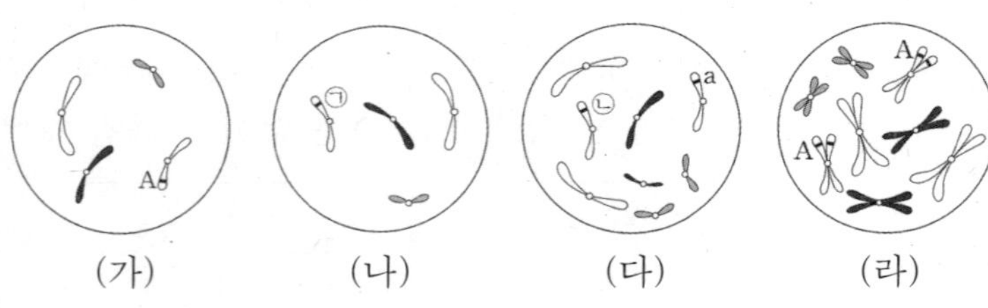

이에 대한 설명으로 옳은 것만을 〈보기〉에서 있는 대로 고른 것은? (단, 돌연변이는 고려하지 않는다.) [3점]

─── 〈보 기〉───

ㄱ. ㉠은 A이다.

ㄴ. (가)는 Ⅰ의 세포이다.

ㄷ. Ⅱ의 감수 2분열 중기 세포 1개당 염색 분체 수는 4이다.

① ㄱ   ② ㄴ   ③ ㄷ   ④ ㄴ, ㄷ   ⑤ ㄱ, ㄴ, ㄷ

10. 다음은 골격근의 수축 과정에 대한 자료이다.

○ 표는 골격근 수축 과정의 세 시점 t_1, t_2, t_3일 때 근육 원섬유 마디 X의 길이에서 ㉠의 길이를 뺀 값의 비를, 그림은 X의 구조를 나타낸 것이다. X_1, X_2, X_3은 각각 t_1, t_2, t_3일 때 X의 길이이며, ㉠₁, ㉠₂, ㉠₃은 각각 t_1, t_2, t_3일 때 ㉠의 길이이다. X는 좌우 대칭이다.

$\dfrac{X_1-㉠_1}{X_2-㉠_2}$ 의 값	$\dfrac{X_2-㉠_2}{X_3-㉠_3}$ 의 값
$\dfrac{6}{5}$	$\dfrac{5}{4}$

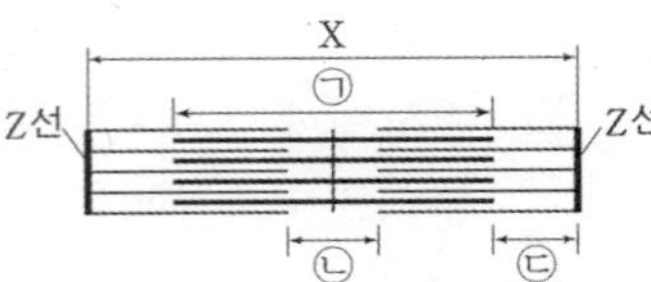

○ 구간 ㉠은 마이오신 필라멘트가 있는 부분이고, ㉡은 마이오신 필라멘트만 있는 부분이며, ㉢은 액틴 필라멘트만 있는 부분이다.

○ t_3일 때 H대의 길이 : I대의 길이 $= 1 : 2$이다.

○ $\dfrac{X_1-㉡_1}{X_1-㉠_1}=2$이며, X_2는 $3.0\mu m$이다.

t_1일 때 X의 길이와 ㉡의 길이를 더한 값($X_1+㉡_1$)은? (단, ㉡₁은 t_1일 때 ㉡의 길이이다.) [3점]

① $4.0\mu m$ ② $3.8\mu m$ ③ $3.6\mu m$ ④ $3.4\mu m$ ⑤ $3.2\mu m$

11. 다음은 질병 A ~ C를 2가지 기준에 따라 분류한 것을 나타낸 것이다. A ~ C는 각각 결핵, 알비노증, 말라리아 중 하나이다.

분류	예	아니오
항생제를 이용하여 치료하는가?	A	B, C
감염성 질병인가?	A, B	C

이에 대한 설명으로 옳은 것만을 〈보기〉에서 있는 대로 고른 것은?

─── 〈보 기〉───

ㄱ. A의 병원체는 핵막이 존재한다.

ㄴ. B와 수면병의 병원체는 모두 원생생물이다.

ㄷ. C는 유전자 돌연변이에 의해 나타난다.

① ㄱ   ② ㄴ   ③ ㄱ, ㄷ   ④ ㄴ, ㄷ   ⑤ ㄱ, ㄴ, ㄷ

12. 그림은 사람에서 혈장 삼투압이 정상 상태일 때와 ⓐ일 때 전체 혈액량에 따른 혈중 ADH 농도를 나타낸 것이다. ⓐ는 혈장 삼투압이 정상보다 증가한 상태와 정상보다 감소한 상태 중 하나이다.

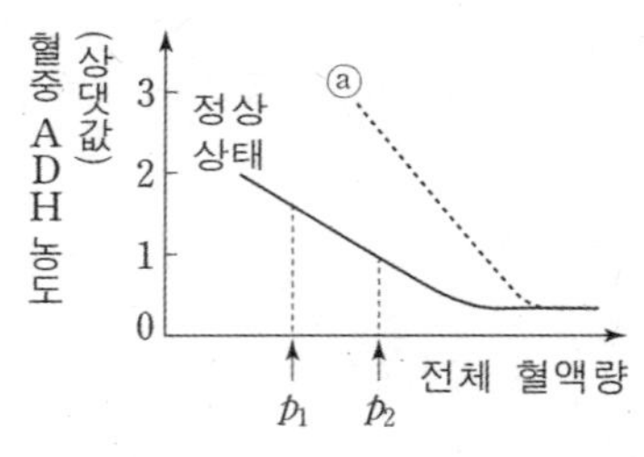

이에 대한 설명으로 옳은 것만을 〈보기〉에서 있는 대로 고른 것은? (단, 제시된 자료 이외에 체내 수분량에 영향을 미치는 요인은 없다.)

─── 〈보 기〉───

ㄱ. ADH는 뇌하수체 후엽에서 분비된다.

ㄴ. ⓐ는 혈장 삼투압이 정상보다 증가한 상태이다.

ㄷ. 정상 상태일 때, 콩팥에서 단위 시간당 수분 재흡수량은 p_2일 때가 p_1일 때보다 크다.

① ㄱ   ② ㄷ   ③ ㄱ, ㄴ   ④ ㄴ, ㄷ   ⑤ ㄱ, ㄴ, ㄷ

13. 사람의 유전 형질 ⓐ는 2쌍의 대립유전자 A와 a, B와 b에 의해 결정된다. A는 a에 대해, B는 b에 대해 각각 완전 우성이며, 표는 사람 I의 세포 (가)~(다)와 사람 II의 세포 (라)~(바)에서 유전자 ⊙~② 의 유무를 나타낸 것이다. ⊙~② 은 A, a, B, b를 순서 없이 나타낸 것이고, I과 II의 성별은 서로 다르다.

대립유전자	I의 세포			II의 세포		
	(가)	(나)	(다)	(라)	(마)	(바)
⊙	?	?	×	○	○	○
ⓛ	○	○	?	?	×	○
ⓒ	?	○	×	×	?	×
②	×	○	×	×	○	×

(○: 있음. ×: 없음)

이에 대한 설명으로 옳은 것만을 〈보기〉에서 있는 대로 고른 것은? (단, 돌연변이와 교차는 고려하지 않는다.)

───────〈보 기〉───────

ㄱ. ⊙은 ⓒ과 대립유전자이다.

ㄴ. (가)~(바) 중 Y 염색체를 갖는 세포는 1개이다.

ㄷ. I과 II 사이에서 아이가 태어날 때, 이 아이의 ⓐ에 대한 표현형이 모두 우성인 여자 아이일 확률은 $\frac{3}{8}$ 이다.

① ㄱ　　② ㄴ　　③ ㄷ　　④ ㄱ, ㄴ　　⑤ ㄱ, ㄷ

14. 다음은 사람의 유전 형질 (가)와 (나)에 대한 자료이다.

○ (가)는 X 염색체에 있는 대립유전자 A와 a에 의해 결정되며, A는 a에 대해 완전 우성이다.

○ (나)는 상염색체에 있는 1쌍의 대립유전자에 의해 결정되며, 대립유전자에는 B, D, E가 있고, 각 대립유전자 사이의 우열 관계는 분명하다.

○ 그림 ㉮는 남자 P의 생식 세포 형성 과정을, ㉯는 여자 Q의 생식 세포 형성 과정을, 표는 세포 ⊙~②이 갖는 대립유전자 a, B, D, E의 DNA 상대량을 나타낸 것이다. ⊙~②은 I~IV를 순서 없이 나타낸 것이다.

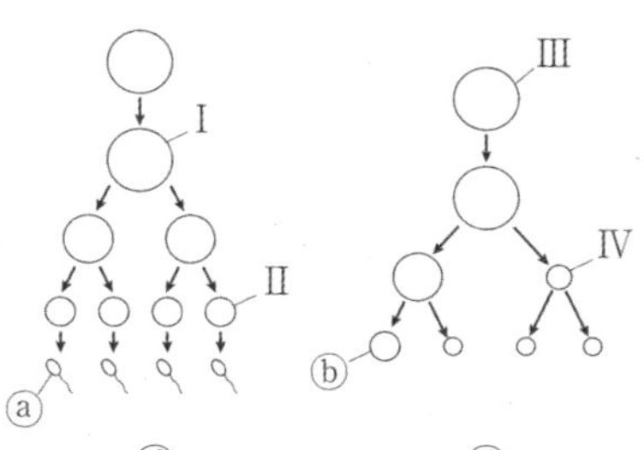

세포	DNA 상대량			
	a	B	D	E
⊙	?	?	?	0
ⓛ	0	?	2	?
ⓒ	1	1	?	?
②	2	?	?	2

○ ⓐ와 ⓑ가 수정되어 여자인 R이 태어났다.

○ P, Q, R 각각의 (나)의 표현형은 모두 다르다.

이에 대한 설명으로 옳은 것만을 〈보기〉에서 있는 대로 고른 것은? (단, 돌연변이와 교차는 고려하지 않으며, A, a, B, D, E 각각의 1개당 DNA 상대량은 1이다.) [3점]

───────〈보 기〉───────

ㄱ. E는 B에 대해 완전 우성이다.

ㄴ. ②은 I이다.

ㄷ. P, Q, R 각각의 (가)의 표현형은 모두 같다.

① ㄱ　　② ㄴ　　③ ㄱ, ㄷ　　④ ㄴ, ㄷ　　⑤ ㄱ, ㄴ, ㄷ

15. 다음은 민말이집 신경 A와 B의 흥분 전도에 대한 자료이다.

○ 그림은 A와 B의 지점 d_1~d_5의 위치를, 표는 ⓟ 각 신경의 동일한 지점에 역치 이상의 자극을 동시에 1회 주고 경과된 시간이 3ms일 때 각 지점에서 측정한 막전위를 나타낸 것이다. I~V는 d_1~d_5를 순서 없이 나타낸 것이다.

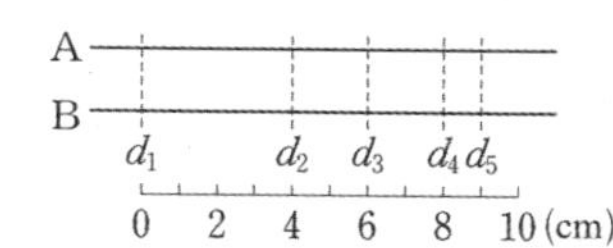

신경	3ms일 때 측정한 막전위(mV)				
	I	II	III	IV	V
A	ⓐ	ⓑ	−10	−80	ⓒ
B	−80	+5	−80	?	?

○ 자극을 준 지점은 d_1~d_5 중 하나이고, A와 B의 흥분 전도 속도는 각각 2cm/ms, 3cm/ms 중 하나이다.

○ 그림 (가)는 ⊙의 d_1~d_5에서, (나)는 ⓛ의 d_1~d_5에서 활동 전위가 발생하였을 때, 각 지점에서의 막전위 변화를 나타낸 것이다. ⊙과 ⓛ은 각각 A와 B 중 하나이다.

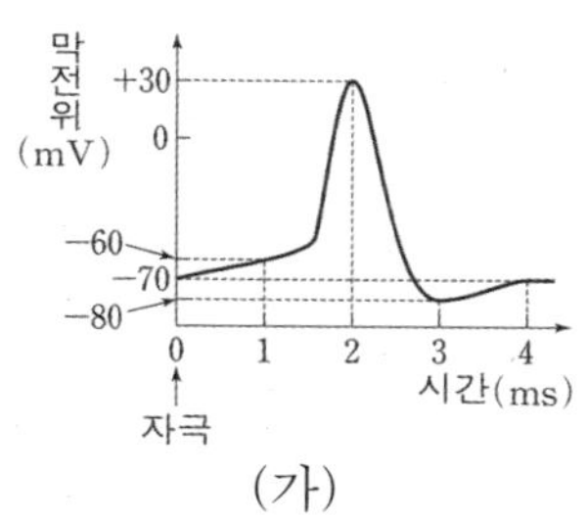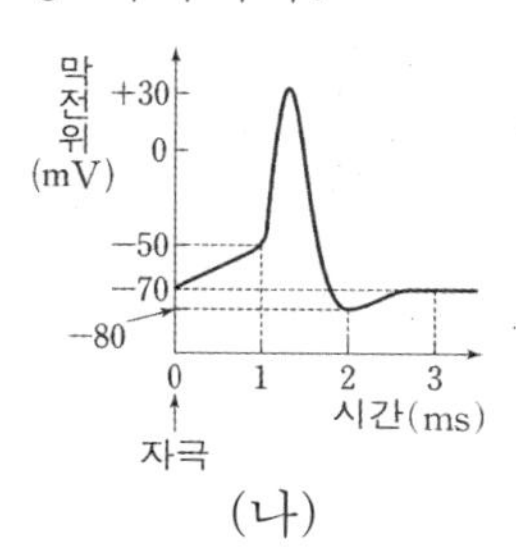

(가)　　　　　　　　(나)

이에 대한 설명으로 옳은 것만을 〈보기〉에서 있는 대로 고른 것은? (단, A와 B에서 흥분의 전도는 각각 1회 일어났고, 휴지 전위는 −70mV이다.) [3점]

───────〈보 기〉───────

ㄱ. II는 d_5이다.

ㄴ. ⓐ+ⓑ−ⓒ=80이다.

ㄷ. ⓟ가 4ms일 때 B의 d_1에서의 막전위는 −60mV이다.

① ㄱ　　② ㄷ　　③ ㄱ, ㄴ　　④ ㄴ, ㄷ　　⑤ ㄱ, ㄴ, ㄷ

16. 다음은 어떤 과학자가 수행한 탐구이다.

[실험 과정 및 결과]

(가) 페니실린은 세균 X의 증식을 억제할 것이라고 생각했다.

(나) 영양 물질이 풍부한 배양 접시 A와 B를 준비한 후 A는 세균 X와 페니실린을, B는 세균 X을 첨가하고 동일한 조건에서 배양한다.

(다) 배양 접시 I에서보다 II에서 세균 X의 증식이 활발하게 일어났다. A와 B는 각각 I와 II 중 하나이다.

(라) 페니실린은 세균 X의 증식을 억제한다는 결론을 내렸다.

이 자료에 대한 설명으로 옳은 것만을 〈보기〉에서 있는 대로 고른 것은? [3점]

───────〈보 기〉───────

ㄱ. 연역적 탐구 방법이 사용되었다.

ㄴ. A는 I이다.

ㄷ. 조작 변인은 페니실린의 첨가 여부이다.

① ㄱ　　② ㄷ　　③ ㄱ, ㄴ　　④ ㄴ, ㄷ　　⑤ ㄱ, ㄴ, ㄷ

17. 다음은 사람의 유전 형질 ㉠~㉢에 대한 자료이다.

> ○ ㉠은 대립유전자 A와 a에 의해, ㉡은 대립유전자 B와 b에
>   의해, ㉢은 대립유전자 D와 d에 의해 결정된다.
> ○ ㉠~㉢의 유전자 중 2개는 서로 다른 상염색체에, 나머지
>   1개는 X 염색체에 있다.
> ○ 표는 세포 Ⅰ~Ⅴ가 갖는 A, a, B, b, D, d의 DNA 상대량을
>   나타낸 것이다. Ⅰ~Ⅴ 중 3개는 P의 세포이고, 나머지
>   2개는 Q의 세포이다.
>
> | 세포 | DNA 상대량 | | | | | |
> |---|---|---|---|---|---|---|
> | | A | a | B | b | D | d |
> | Ⅰ | ? | 2 | 2 | ? | 0 | ? |
> | Ⅱ | ? | 0 | 1 | 1 | ? | 2 |
> | Ⅲ | 1 | ? | ? | ? | ? | 0 |
> | Ⅳ | 1 | ? | 0 | 2 | ? | 1 |
> | Ⅴ | ? | ? | 0 | 0 | ? | ? |
>
> ○ Ⅰ~Ⅴ 중 하나만 ⓐ중복이 1회 일어나 형성된 생식 세포이다.

이에 대한 설명으로 옳은 것만을 〈보기〉에서 있는 대로 고른
것은? (단, 제시된 돌연변이 이외의 돌연변이와 교차는 고려하지
않으며, A, a, B, b, D, d 각각의 1개당 DNA 상대량은 1이다.)

> ─── 〈보 기〉 ───
> ㄱ. ㉡의 유전자는 X 염색체에 있다.
> ㄴ. ⓐ는 Q의 세포이다.
> ㄷ. P에서 A, B, D를 모두 갖는 생식 세포가 형성될 수 있다.

① ㄱ　　② ㄷ　　③ ㄱ, ㄴ　　④ ㄴ, ㄷ　　⑤ ㄱ, ㄴ, ㄷ

18. 다음은 생쥐 종 P를 이용한 병원성 세균 X에 대한 실험이다.

> ○ P에서 ㉠과 ㉡ 중 하나에 대한 기억 세포와 형질 세포는
>   형성될 수 없으며, 나머지 하나에 대한 기억 세포와 형질
>   세포는 형성된다.
> [실험 과정 및 결과]
> (가) X로부터 두 종류의 물질 ㉠과 ㉡을 얻는다.
> (나) 유전적으로 동일하고, X, ㉠, ㉡에 노출된 적이 없는 P인
>   개체 Ⅰ~Ⅳ를 준비한다.
> (다) Ⅰ에 X를, Ⅱ에 ㉠을, Ⅲ에 ㉡을, Ⅳ에 ㉠과 ㉡ 중 하나를
>   주사한다. 1일 후 Ⅰ~Ⅳ 중 Ⅱ, Ⅲ, Ⅳ가 생존하였다.
> (라) 2주 후 (다)의 Ⅱ에서 혈청 ⓐ를, Ⅲ에서 혈청 ⓑ, Ⅳ에서 혈청
>   ⓒ를 얻었다. 표와 같이
>   주사액을 Ⅱ~Ⅳ에게
>   주사하고 1일 후 생존
>   여부를 확인한다.
>
> | 생쥐 | 주사액의 조성 | 생존 여부 |
> |---|---|---|
> | Ⅱ | 세균 X+혈청 ⓒ | 산다 |
> | Ⅲ | 세균 X+혈청 ⓐ | 죽는다 |
> | Ⅳ | 세균 X+혈청 ⓑ | 산다 |

이에 대한 설명으로 옳은 것만을 〈보기〉에서 있는 대로 고른
것은? (단, 제시된 조건 이외는 고려하지 않는다.) [3점]

> ─── 〈보 기〉 ───
> ㄱ. (나)의 Ⅳ에 ㉠을 주사하였다.
> ㄴ. (다)의 Ⅲ에서 체액성 면역이 일어났다.
> ㄷ. (라)의 Ⅱ에 X를 주사하면, ㉡에 대한 2차 면역 반응이
>   일어난다.

① ㄱ　　② ㄷ　　③ ㄱ, ㄴ　　④ ㄴ, ㄷ　　⑤ ㄱ, ㄴ, ㄷ

19. 다음은 어떤 집안의 유전 형질 (가)에 대한 자료이다.

> ○ (가)는 2쌍의 대립유전자 A와 a, B와 b에 의해 결정되고,
>   A와 a는 9번 염색체에, B와 b는 X 염색체에 있다.
> ○ (가)의 표현형은 유전자형에서 대문자로 표시되는 대립
>   유전자의 수에 의해서만 결정되며, 이 대립유전자의 수가
>   다르면 표현형(ⓐ~ⓔ)이 다르다. ⓐ~ⓔ은 각각 대문자의
>   개수가 0~4개의 사람을 순서 없이 나타낸 것이다.
> ○ 가계도는 구성원 1~9에게서 (가)의 표현형을 나타낸 것이다.
>
> 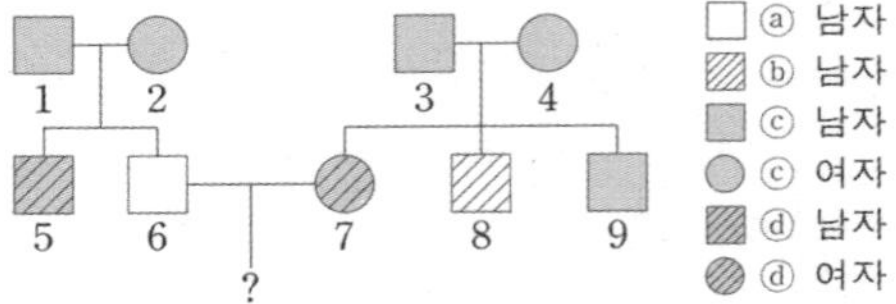
>
>
> ○ 표는 구성원 ㉠~㉢과 7에서 체세포 1개당 a와 b의 DNA
>   상대량을 더한 값을 나타낸 것이다. ㉠~㉢은 1, 2, 6을 순서
>   없이 나타낸 것이고, ㉣, ㉤은 3, 8을 순서 없이 나타낸 것이다.
>
> | 구성원 | ㉠ | ㉡ | ㉢ | ㉣ | ㉤ | 7 |
> |---|---|---|---|---|---|---|
> | a와 b의 DNA 상대량을 더한 값 | 1 | 2 | 3 | 1 | 2 | 1 |
>
> ○ 3은 b를 가진다.

이에 대한 설명으로 옳은 것만을 〈보기〉에서 있는 대로 고른
것은? (단, 돌연변이와 교차는 고려하지 않으며, A, a, B, b 각각의
1개당 DNA 상대량은 1이다.) [3점]

> ─── 〈보 기〉 ───
> ㄱ. ㉠은 A와 B를 가진다.
> ㄴ. 표현형이 ⓔ인 사람은 대문자의 개수가 4개인 사람이다.
> ㄷ. 6과 7 사이에서 아이가 태어날 때, 이 아이의 표현형이
>   ⓑ일 확률은 $\frac{1}{4}$이다.

① ㄴ　　② ㄷ　　③ ㄱ, ㄴ　　④ ㄱ, ㄷ　　⑤ ㄱ, ㄴ, ㄷ

20. 그림 (가)와 (나)는 각각 질소 순환 과정과 탄소 순환 과정을
순서 없이 나타낸 것이다.

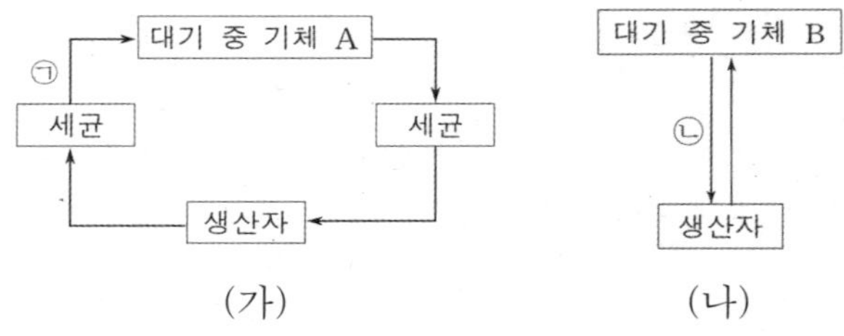

이에 대한 설명으로 옳은 것만을 〈보기〉에서 있는 대로 고른 것은?

> ─── 〈보 기〉 ───
> ㄱ. A는 아조터박터에 의해 NH_4^+으로 전환된다.
> ㄴ. ㉠은 질소 동화 작용에 의해 일어난다.
> ㄷ. ㉡은 광합성 과정이다.

① ㄱ　　② ㄴ　　③ ㄷ　　④ ㄱ, ㄴ　　⑤ ㄱ, ㄷ

> * 확인 사항
> ○ 답안지의 해당란에 필요한 내용을 정확히 기입(표기)했는지 확인
>   하시오.

〔제4교시〕

과학탐구 영역(생명과학 I)

| 성명 | | 수험 번호 | | | | | | — | | | | | 제〔 〕선택 |

---

1. 표는 생물의 특성의 예를 나타낸 것이다. (가)와 (나)는 항상성, 적응과 진화를 순서 없이 나타낸 것이다.

생물의 특성	예
(가)	혈장 삼투압이 증가하면 ⊙ ADH의 분비가 촉진된다.
(나)	살충제를 사용한 후 살충제 저항성을 가진 바퀴벌레가 나타난다.
자극에 대한 반응	ⓛ

이에 대한 설명으로 옳은 것만을 〈보기〉에서 있는 대로 고른 것은?

〈보 기〉

ㄱ. ⊙에서 오줌의 삼투압은 증가한다.
ㄴ. (나)는 항상성이다.
ㄷ. ⓛ으로 '밝은 곳에서는 동공이 작아지고, 어두운 곳에서는 동공이 커진다.'가 적절하다.

① ㄱ ② ㄴ ③ ㄱ, ㄷ ④ ㄴ, ㄷ ⑤ ㄱ, ㄴ, ㄷ

---

2. 표 (가)는 영양소 A, B가 세포 호흡에 사용된 결과 생성된 노폐물을, (나)는 ⊙~ⓒ의 제거에 관여하는 기관을 나타낸 것이다. ⊙~ⓒ은 각각 이산화탄소, 물, 암모니아를 순서 없이 나타낸 것이고, A와 B는 단백질과 탄수화물을 순서 없이 나타낸 것이다.

영양소	노폐물
A	⊙, ⓒ
B	⊙, ⓛ, ⓒ

(가)

노폐물	제거하는 기관
⊙	폐
ⓛ	콩팥
ⓒ	폐, 콩팥

(나)

이에 대한 설명으로 옳은 것만을 〈보기〉에서 있는 대로 고른 것은?

〈보 기〉

ㄱ. ⊙은 순환계를 통해 폐로 운반된다.
ㄴ. B는 탄수화물이다.
ㄷ. 간에서 ⓛ이 요소로 전환된다.

① ㄱ ② ㄴ ③ ㄷ ④ ㄱ, ㄷ ⑤ ㄱ, ㄴ, ㄷ

---

3. 다음은 어떤 사람이 병원체 X에 처음 감염되었을 때 나타나는 방어 작용에 대한 자료이다.

(가) ⊙ 세포 독성 T 림프구가 X에 감염된 세포를 파괴한다.
(나) ⓛ 형질 세포가 X에 대한 항체를 생성한다.

이에 대한 설명으로 옳은 것만을 〈보기〉에서 있는 대로 고른 것은?

〈보 기〉

ㄱ. X에 대한 체액성 면역 반응에서 (가)가 일어난다.
ㄴ. ⊙은 골수에서 생성된다.
ㄷ. ⓛ은 기억 세포가 분화하여 생성되었다.

① ㄱ ② ㄴ ③ ㄷ ④ ㄱ, ㄷ ⑤ ㄴ, ㄷ

---

4. 그림은 사람 A, B, C가 30일 동안 에너지 소비량에 대한 에너지 섭취량을 나타낸 것이다. 표는 30일 이후 A~C의 체중 변화를 나타낸 것이다. ⊙, ⓛ, ⓒ은 A, B, C를 순서 없이 나타낸 것이다. t_1일 때 A와 C의 에너지 소비량은 같다.

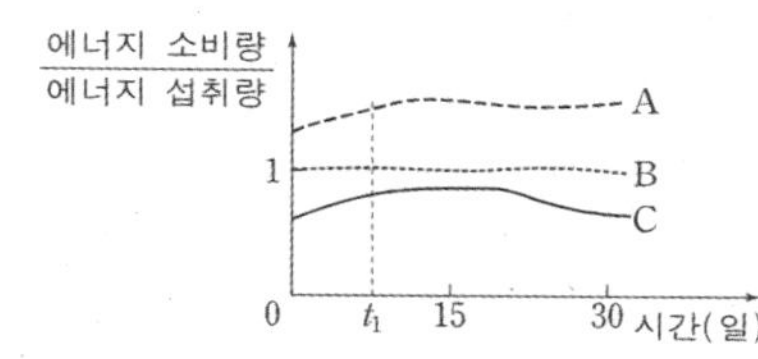

사람	체중 변화
⊙	감소함
ⓛ	증가함
ⓒ	변화 없음

이에 대한 설명으로 옳은 것만을 〈보기〉에서 있는 대로 고른 것은?

〈보 기〉

ㄱ. ⊙은 C이다.
ㄴ. t_1일 때, 에너지 섭취량은 ⊙이 ⓛ보다 적다.
ㄷ. ⓒ은 ⊙과 ⓛ에 비해 에너지 소비량과 에너지 섭취량이 균형을 이루고 있다.

① ㄱ ② ㄷ ③ ㄱ, ㄴ ④ ㄴ, ㄷ ⑤ ㄱ, ㄴ, ㄷ

---

5. 표는 사람의 5가지 질병을 구분하여 나타낸 것이다.

구분	질병
A	말라리아
B	홍역, 독감
C	결핵, 콜레라

이에 대한 설명으로 옳은 것만을 〈보기〉에서 있는 대로 고른 것은? [3점]

〈보 기〉

ㄱ. A의 병원체는 원생생물이다.
ㄴ. B의 병원체는 세포로 이루어져 있다.
ㄷ. 탄저병은 C에 해당한다.

① ㄱ ② ㄴ ③ ㄷ ④ ㄱ, ㄷ ⑤ ㄱ, ㄴ, ㄷ

---

6. 그림 (가)는 사람의 중추 신경계를, (나)는 중추 신경계에 속한 ⊙~ⓒ으로부터 말초 신경을 통해 각 기관에 연결된 경로를 나타낸 것이다. A~E는 각각 소뇌, 대뇌, 연수, 중뇌(중간뇌), 척수 중 하나이고, A~E 중 3개는 각각 ⊙~ⓒ 중 하나이다.

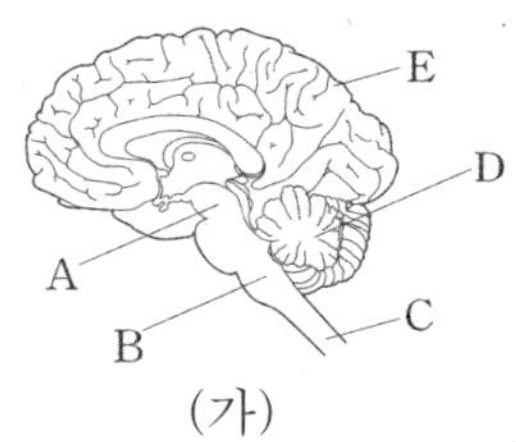

⊙	부교감 신경 → 심장
ⓛ	교감 신경 → 위
ⓒ	체성 신경 → 눈

(나)

이에 대한 설명으로 옳은 것만을 〈보기〉에서 있는 대로 고른 것은?

〈보 기〉

ㄱ. ⓒ과 D는 좌우 2개의 반구로 나누어져 있다.
ㄴ. ⊙은 뇌줄기에 속한다.
ㄷ. ⓛ은 배뇨 반사의 중추이다.

① ㄱ ② ㄷ ③ ㄱ, ㄴ ④ ㄴ, ㄷ ⑤ ㄱ, ㄴ, ㄷ

---

7. 그림은 동물 P 체세포의 세포 주기를 나타낸 것이고, 표는 ㉠~㉢ 시기에서의 특징을 나타낸 것이다. A, B, C는 ㉠~㉢을 순서 없이 나타낸 것이다.

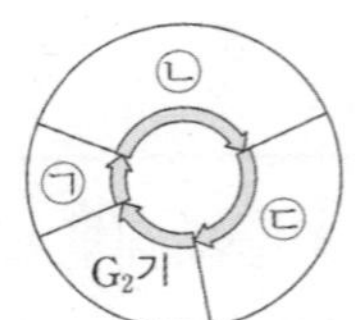

시기	특징
A	?
B	ⓐ 염색 분체가 분리된다.
C	세포의 소기관 수가 가장 많이 증가한다.

이에 대한 설명으로 옳은 것만을 〈보기〉에서 있는 대로 고른 것은? [3점]

─── 〈보 기〉───
ㄱ. A는 ㉡이다.
ㄴ. ⓐ에는 히스톤 단백질이 있다.
ㄷ. A시기에는 DNA의 양이 2배가 된다.

① ㄱ　　② ㄷ　　③ ㄱ, ㄴ　　④ ㄴ, ㄷ　　⑤ ㄱ, ㄴ, ㄷ

8. 다음은 생태계의 구성 요소에 대한 학생 A~C의 발표 내용이다.

제시한 내용이 옳은 학생만을 있는 대로 고른 것은?

① A　　② B　　③ A, C　　④ B, C　　⑤ A, B, C

9. 다음은 사람의 유전 형질 (가)~(다)에 대한 자료이다.

○ (가)~(다)의 유전자는 서로 다른 3개의 상염색체에 있다.
○ (가)는 대립유전자 A와 A*에 의해 결정되며, A와 A* 사이의 우열 관계는 분명하다.
○ (나)는 대립유전자 B와 B*에 의해 결정되며, 유전자형이 다르면 표현형이 다르다.
○ (다)는 1쌍의 대립유전자에 의해 결정되며, 대립유전자에는 D, E, F, G가 있고, (다)의 표현형은 5가지이다.
○ ㉠은 ㉡, ㉢, ㉣에 대해 각각 완전 우성이고, ㉡은 ㉢, ㉣에 대해 각각 완전 우성이다. ㉠~㉣은 D~G를 순서 없이 나타낸 것이다.
○ (가)와 (다)의 유전자형이 ⓐ AA^*EF인 아버지와 ⓑ $AADG$인 어머니 사이에서 아이가 태어날 때, 이 아이에게서 나타날 수 있는 (가)~(다)의 표현형은 최대 18가지이다.
○ 유전자형이 AA^*BB^*DF인 아버지와 AA^*BB^*DG인 어머니 사이에서 아이가 태어날 때, 이 아이의 (가)~(다)의 표현형이 모두 ⓐ와 같을 확률은 ⓑ와 같을 확률과 같다.

유전자형이 AA^*BB^*DG인 아버지와 $A^*A^*BB^*EG$인 어머니 사이에서 아이가 태어날 때, 이 아이의 (가)~(다)의 표현형이 모두 어머니와 같을 확률은? (단, 돌연변이와 교차는 고려하지 않는다.)

① $\dfrac{1}{16}$　② $\dfrac{1}{8}$　③ $\dfrac{3}{16}$　④ $\dfrac{1}{4}$　⑤ $\dfrac{1}{2}$

10. 그림은 정상인의 혈당량에 따른 ㉠의 분비 속도를 나타낸 것이다. ㉠은 인슐린과 글루카곤 중 하나이다.

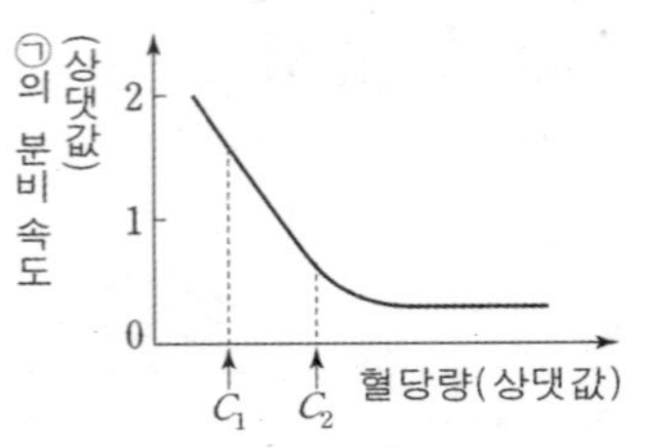

이에 대한 설명으로 옳은 것만을 〈보기〉에서 있는 대로 고른 것은? (단, 제시된 자료 이외에 혈당량에 영향을 미치는 요인은 없다.) [3점]

─── 〈보 기〉───
ㄱ. 혈당량은 음성 피드백에 의해 조절된다.
ㄴ. ㉠은 글루카곤이다.
ㄷ. 간에서 단위 시간당 글리코젠의 분해 속도는 C_2일 때가 C_1일 때보다 빠르다.

① ㄴ　　② ㄷ　　③ ㄱ, ㄴ　　④ ㄱ, ㄷ　　⑤ ㄱ, ㄴ, ㄷ

11. 그림은 세포 (가)~(다) 각각에 들어 있는 모든 염색체를 나타낸 것이다. (가)~(다)는 각각 개체 A($2n=4$)와 개체 B($2n=?$)의 세포 중 하나이다. A와 B의 성염색체는 암컷이 XX, 수컷이 XY이다.

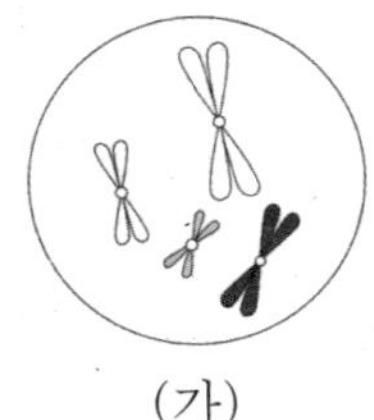 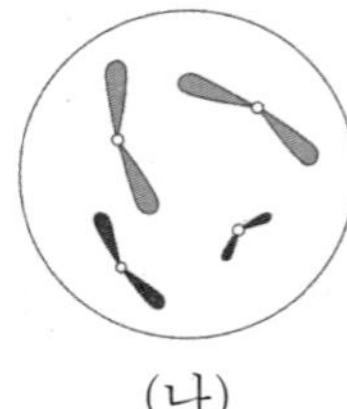 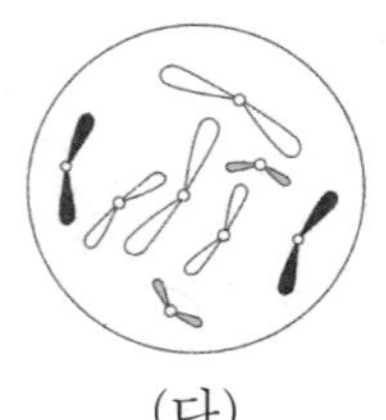

　　(가)　　　　　　(나)　　　　　　(다)

이에 대한 설명으로 옳은 것만을 〈보기〉에서 있는 대로 고른 것은? (단, 돌연변이는 고려하지 않는다.) [3점]

─── 〈보 기〉───
ㄱ. (가)는 B의 세포이다.
ㄴ. A는 암컷이다.
ㄷ. B의 감수 1분열 중기 세포 1개당 2가 염색체 수는 8이다.

① ㄱ　　② ㄴ　　③ ㄱ, ㄷ　　④ ㄴ, ㄷ　　⑤ ㄱ, ㄴ, ㄷ

12. 다음은 어떤 과학자가 수행한 탐구 과정을 순서 없이 나타낸 것이다. 이 과학자는 탐구를 통해 가설이 옳음을 증명했다.

(가) ㉠ 한쪽 병에는 고기 조각을 넣고 뚜껑을 덮지 않았고, ㉡ 다른 병에는 고기 조각을 넣고 천으로 덮은 후 그대로 방치하였다.
(나) "고기 조각에 생긴 구더기는 파리로부터 생긴다." 라고 생각하였다.
(다) 마개를 하지 않은 병에는 구더기가 발생하였고, 천으로 덮은 병에는 구더기가 발생하지 않았다.

이에 대한 설명으로 옳은 것만을 〈보기〉에서 있는 대로 고른 것은?

─── 〈보 기〉───
ㄱ. 탐구는 (나)→(가)→(다)의 순서로 이루어졌다.
ㄴ. ㉠은 대조군, ㉡은 실험군이다.
ㄷ. 구더기의 발생 여부는 독립변인이다.

① ㄴ　　② ㄷ　　③ ㄱ, ㄴ　　④ ㄱ, ㄷ　　⑤ ㄱ, ㄴ, ㄷ

13. 다음은 골격근의 수축 과정에 대한 자료이다.

○ 표는 골격근 수축 과정의 세 시점 t_1, t_2, t_3에서 근육 원섬유 마디 X의 길이, ㉠의 길이에서 ㉡의 길이를 뺀 값(㉠−㉡), ㉡의 길이에서 ㉢의 길이를 더한 값(㉡+㉢)을, 그림은 t_1일 때 X의 구조를 나타낸 것이다. Ⅰ~Ⅲ은 각각 ㉠~㉢ 중 하나이며, X는 좌우 대칭이다.

시점	X의 길이	㉠−㉡	㉡+㉢
t_1	4.0	?	1.8
t_2	?	0.5	1.8
t_3	3.2	0.1	?

(단위: μm)

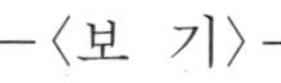

○ 구간 Ⅰ은 액틴 필라멘트만 있는 부분이고, 구간 Ⅱ는 H대와 액틴 필라멘트와 마이오신 필라멘트가 겹치는 부분이며, 구간 Ⅲ은 마이오신 필라멘트와 액틴 필라멘트가 겹치는 부분이다.

이에 대한 설명으로 옳은 것만을 〈보기〉에서 있는 대로 고른 것은?

─── 〈보 기〉 ───

ㄱ. ㉡은 Ⅲ이다.

ㄴ. t_1에서 t_2로 될 때 ㉢의 길이는 0.2μm 짧아진다.

ㄷ. t_3일 때 ㉢의 길이에서 ㉠의 길이를 뺀 값은 0.5μm이다.

① ㄱ   ② ㄷ   ③ ㄱ, ㄴ   ④ ㄴ, ㄷ   ⑤ ㄱ, ㄴ, ㄷ

14. 다음은 민말이집 신경 A~C의 흥분 전도에 대한 자료이다.

○ 그림은 민말이집 신경 A~C의 지점 P, Q, d_1~d_4의 위치를, 표는 ⓐ A와 B의 지점 P, C의 지점 Q에 역치 이상의 자극을 동시에 1회 주고, 경과된 시간이 4ms일 때, d_1~d_4에서 측정한 막전위를 나타낸 것이다. ㉠~㉢은 A~C를, Ⅰ~Ⅳ는 d_1~d_4를 순서 없이 나타낸 것이다.

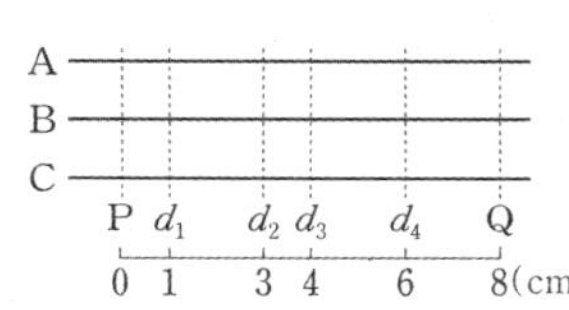

신경	4ms일 때 측정한 막전위(mV)			
	Ⅰ	Ⅱ	Ⅲ	Ⅳ
㉠	−80	?	ⓟ	?
㉡	?	?	−80	+30
㉢	−40	−70	?	+30

○ B의 흥분 전도 속도는 A의 흥분 전도 속도보다 빠르고, C의 흥분 전도 속도는 A와 B의 흥분 전도 속도 중 하나와 같다.

○ A~C의 d_1~d_4에서 활동 전위가 발생하였을 때, 각 지점에서의 막전위 변화는 그림과 같다.

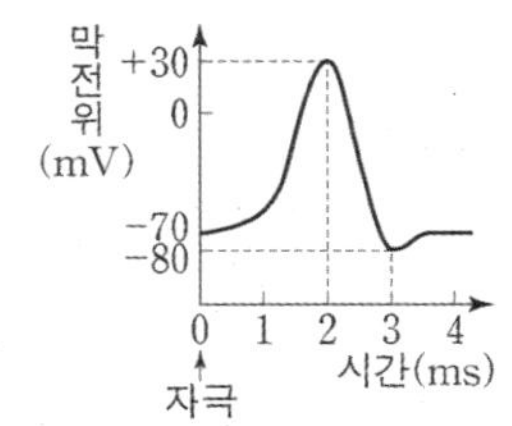

이에 대한 설명으로 옳은 것만을 〈보기〉에서 있는 대로 고른 것은? (단, A~C에서 흥분의 전도는 각각 1회 일어났고, 휴지 전위는 −70mV이다.) [3점]

─── 〈보 기〉 ───

ㄱ. Ⅲ은 d_4이다.

ㄴ. ⓟ는 −40이다.

ㄷ. ⓐ가 3ms일 때 $\dfrac{\text{B의 Ⅰ에서의 막전위}}{\text{A의 Ⅱ에서의 막전위}}$ 는 −1보다 작다.

① ㄱ   ② ㄴ   ③ ㄱ, ㄷ   ④ ㄴ, ㄷ   ⑤ ㄱ, ㄴ, ㄷ

15. 다음은 식물 종의 분포 조사에 대한 자료이다.

○ 그림은 서로 다른 지역에 서로 다른 크기의 방형구 A와 B를 설치하여 조사한 식물 종의 분포를 나타낸 것이다.

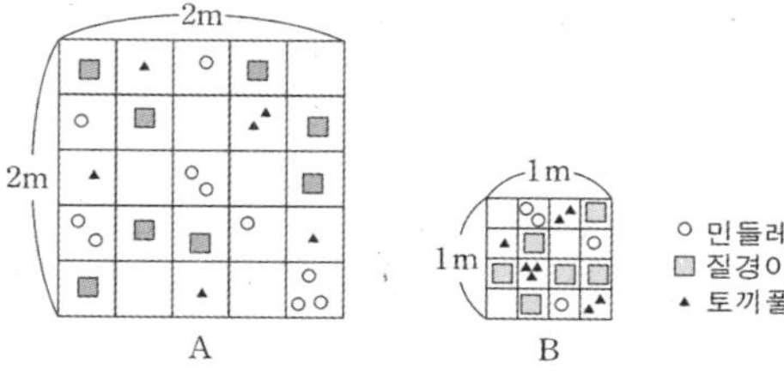

○ 상대 밀도는 A의 종 ㉠이 B의 종 ㉡보다 작고, 개체군의 밀도는 A의 종 ㉠이 A의 종 ㉡보다 작다. ㉠~㉢는 각각 민들레, 질경이, 토끼풀 중 하나이다.

이에 대한 설명으로 옳은 것만을 〈보기〉에서 있는 대로 고른 것은? (단, 방형구에 나타낸 각 도형은 식물 1개체를 의미하며, 제시된 종 이외의 종은 고려하지 않는다.) [3점]

─── 〈보 기〉 ───

ㄱ. ㉢의 개체군의 밀도는 A에서가 B에서보다 작다.

ㄴ. ㉠의 개체군의 빈도는 A에서가 B에서보다 작다.

ㄷ. 식물의 종 수는 A에서가 B에서보다 많다.

① ㄱ   ② ㄴ   ③ ㄷ   ④ ㄱ, ㄴ   ⑤ ㄴ, ㄷ

16. 다음은 어떤 사람의 유전 형질 ㉠에 대한 자료이다.

○ ㉠을 결정하는 3개의 유전자는 각각 대립 유전자 E와 e, F와 f, G와 g를 가진다.

○ E와 e, F와 f는 상염색체에, G와 g는 X 염색체에 존재한다.

○ ㉠의 표현형은 유전자형에서 대문자로 표시되는 대립유전자의 수에 의해서만 결정되며, 이 대립유전자의 수가 다르면 표현형이 다르다.

○ 표는 사람 Ⅰ의 세포 (가)~(다)와 사람 Ⅱ의 세포 (라)~(바)에서 유전자 ⓐ~ⓕ의 유무를 나타낸 것이다. ⓐ는 F이며, ⓑ~ⓕ는 E, e, f, G, g를 순서 없이 나타낸 것이다.

유전자	Ⅰ의 세포			Ⅱ의 세포		
	(가)	(나)	(다)	(라)	(마)	(바)
ⓐ	○	○	○	×	○	×
ⓑ	×	×	×	×	○	○
ⓒ	○	×	×	○	○	○
ⓓ	○	×	○	○	○	×
ⓔ	○	○	×	×	×	×
ⓕ	○	○	○	○	○	×

(○: 있음, ×: 없음)

○ Ⅰ와 Ⅱ는 ㉠에 대한 표현형이 같다.

이에 대한 설명으로 옳은 것만을 〈보기〉에서 있는 대로 고른 것은? (단, 돌연변이와 교차는 고려하지 않는다.) [3점]

─── 〈보 기〉 ───

ㄱ. ⓑ는 ⓕ의 대립 유전자이다.

ㄴ. E와 e, F와 f는 같은 염색체에 있다.

ㄷ. Ⅰ과 Ⅱ 사이에서 아이가 태어날 때, 이 아이가 부모와 ㉠에 대한 표현형이 모두 다를 확률은 $\dfrac{5}{8}$이다.

① ㄱ   ② ㄴ   ③ ㄷ   ④ ㄱ, ㄴ   ⑤ ㄱ, ㄷ

17. 다음은 어떤 집안의 유전 형질 (가)와 (나)에 대한 자료이다.

> ○ (가)는 대립유전자 H와 H*에 의해, (나)는 대립유전자 R와 R*에 의해 결정된다. H는 H*에 대해, R는 R*에 대해 각각 완전 우성이다.
>
> ○ (가)의 유전자와 (나)의 유전자 중 하나는 9번 염색체에, 나머지 하나는 X 염색체에 존재한다.
>
> ○ 가계도는 구성원 ⓐ와 ⓑ를 제외한 구성원 1~6에게서 (가)와 (나)의 발현 여부를 나타낸 것이다.
>
> 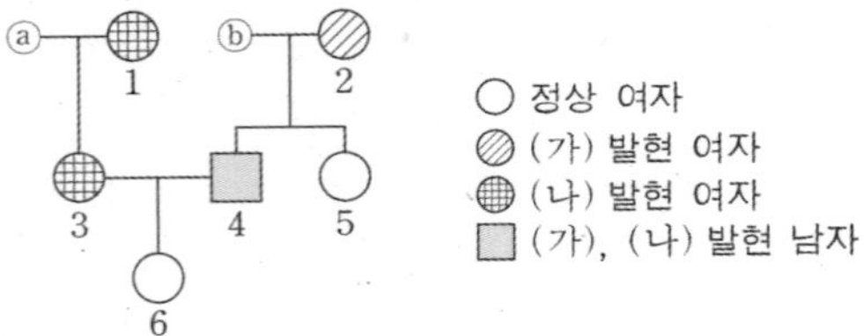
>
>
> ○ ⓐ와 ⓑ 중 (가)가 발현된 사람은 1명이고, (나)가 발현된 사람도 1명이다.
>
> ○ 3에서 염색체 구조 이상 중 대립유전자 ⓧ의 ㉮가 1회 일어난 염색체를 가지는 비정상적인 난자가 형성되었고, 4에서 염색체 구조 이상 중 대립유전자 ⓨ의 ㉯가 1회 일어난 염색체를 가지는 비정상적인 정자가 형성되었으며, 이 난자와 정자가 수정되어 6이 태어났다. ⓧ는 (가)와 (나) 중 한 가지 형질을 결정하는 대립유전자이고, ⓨ는 나머지 한 가지 형질을 결정하는 대립유전자이다. ㉮와 ㉯는 각각 결실과 중복 중 하나이다.
>
> ○ $\dfrac{\text{ⓐ, 5, 6 각각의 체세포 1개당 H의 DNA 상대량을 더한 값}}{\text{ⓑ, 1, 6 각각의 체세포 1개당 R*의 DNA 상대량을 더한 값}} = \dfrac{1}{2}$

이에 대한 설명으로 옳은 것만을 〈보기〉에서 있는 대로 고른 것은? (단, 제시된 돌연변이 이외의 돌연변이와 교차는 고려하지 않으며, H, H*, R, R* 각각의 1개당 DNA 상대량은 같다.) [3점]

> ───── 〈 보 기 〉 ─────
> ㄱ. ⓐ에서 (가)가 발현되었다.
> ㄴ. ㉮는 중복이다.
> ㄷ. 1~5 중 대립 유전자 ⓧ를 가지는 사람은 4명이다.

① ㄱ   ② ㄷ   ③ ㄱ, ㄴ   ④ ㄴ, ㄷ   ⑤ ㄱ, ㄴ, ㄷ

18. 표는 종 사이의 상호 작용 A~C의 특징을, 그림은 A~C의 공통점과 차이점을 나타낸 것이다. A~C는 각각 기생, 편리 공생, 경쟁 중 하나이다.

구분	특징
A	㉠
B	한 개체군만 손해를 본다.
C	생태적 지위가 비슷해질수록 심해진다.

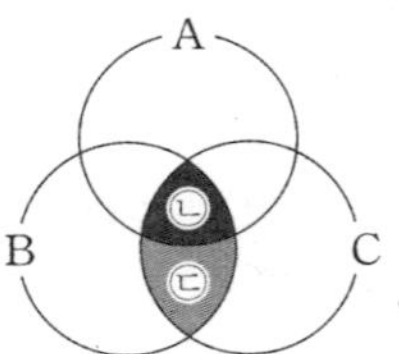

이에 대한 설명으로 옳은 것만을 〈보기〉에서 있는 대로 고른 것은?

> ───── 〈 보 기 〉 ─────
> ㄱ. ㉠의 특징에 '빨판상어와 거북의 관계이다.'라고 할 수 있다.
> ㄴ. '개체군 내의 상호 작용이다.'는 ㉡에 해당한다.
> ㄷ. '한 개체군이 이익을 본다.'는 ㉢에 해당한다.

① ㄱ   ② ㄷ   ③ ㄱ, ㄴ   ④ ㄴ, ㄷ   ⑤ ㄱ, ㄴ, ㄷ

19. 다음은 어떤 집안의 유전 형질 ㉠과 ㉡에 대한 자료이다.

> ○ ㉠은 대립유전자 R와 R*에 의해, ㉡은 대립유전자 T와 T*에 의해 결정된다. R는 R*에 대해, T는 T*에 대해 각각 완전 우성이다.
>
> ○ 가계도는 구성원 ⓐ와 ⓑ를 제외한 구성원 1~9에게서 ㉠과 ㉡의 발현 여부를 나타낸 것이다.
>
> 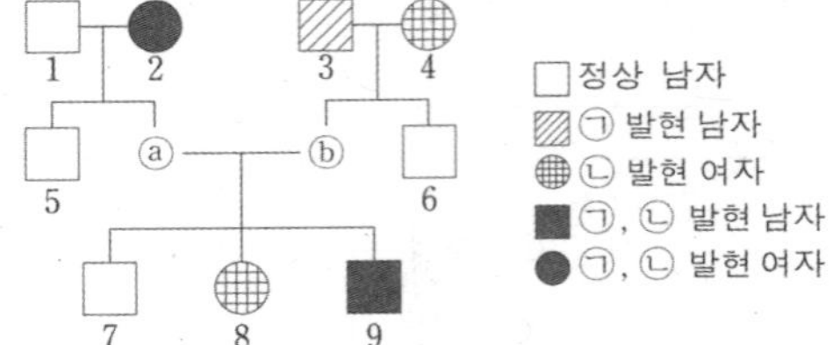
>
>
> ○ ⓑ는 T*를 가진다.
>
> ○ ⓐ, ⓑ, 8의 ㉡에 대한 유전자형은 모두 서로 다르다.
>
> ○ $\dfrac{\text{1, 2, 5 각각의 체세포 1개당 R의 DNA 상대량을 더한 값}}{\text{3, 4, 6 각각의 체세포 1개당 R의 DNA 상대량을 더한 값}} < 1$

이에 대한 설명으로 옳은 것만을 〈보기〉에서 있는 대로 고른 것은? (단, 돌연변이와 교차는 고려하지 않으며, R, R* 각각의 1개당 DNA 상대량은 1이다.)

> ───── 〈 보 기 〉 ─────
> ㄱ. ㉠을 결정하는 유전자는 상염색체 위에 있다.
> ㄴ. ⓑ는 ㉠과 ㉡ 중 ㉡만 발현된 남자이다.
> ㄷ. 7의 동생이 태어날 때, 이 아이에게서 ㉠과 ㉡ 모두 발현될 확률은 $\dfrac{9}{32}$ 이다.

① ㄱ   ② ㄴ   ③ ㄱ, ㄴ   ④ ㄱ, ㄷ   ⑤ ㄴ, ㄷ

20. 그림 (가)는 유전적으로 동일한 생쥐 A, B, C의 혈중 ㉠~㉢의 농도를 나타낸 것이다. A~C는 시상 하부, 뇌하수체, 갑상샘 중 한 곳에만 이상이 생겨 티록신 분비에 이상이 있는 생쥐를 순서 없이 나타낸 것이다. ㉠~㉢은 각각 TSH, TRH, 티록신을 순서 없이 나타낸 것이다. 그림 (나)는 (가)에서 A~C에 각각 ⓐ를 주사한 후 혈중 ㉠~㉢의 농도를 나타낸 것이다. ⓐ는 ㉠~㉢ 중 하나이다.

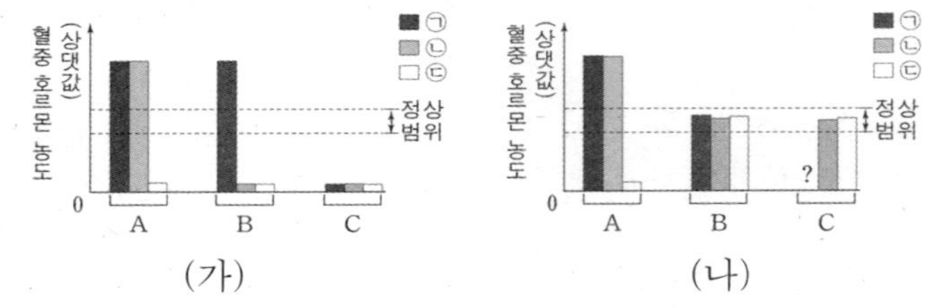

이에 대한 설명으로 옳은 것만을 〈보기〉에서 있는 대로 고른 것은? (단, 제시된 조건 이외는 고려하지 않는다.) [3점]

> ───── 〈 보 기 〉 ─────
> ㄱ. B는 외분비샘에 속하는 기관에 이상이 생겼다.
> ㄴ. 뇌하수체 전엽은 ⓐ의 표적 기관이다.
> ㄷ. 정상인이 고온 자극을 받으면 ㉢의 분비량이 감소한다.

① ㄱ   ② ㄴ   ③ ㄷ   ④ ㄱ, ㄷ   ⑤ ㄴ, ㄷ

> **＊ 확인 사항**
> ○ 답안지의 해당란에 필요한 내용을 정확히 기입(표기)했는지 확인하시오.

과학탐구 영역(생명과학 I)

정답

1	①	2	②	3	②	4	①	5	④
6	③	7	③	8	⑤	9	④	10	②
11	③	12	⑤	13	②	14	①	15	③
16	⑤	17	④	18	⑤	19	①	20	②

예상 등급 컷

1등급 : 42점

2등급 : 39점

3등급 : 36점

해설

1. 정답 ①

(가) : 적응과 진화, (나) : 자극에 대한 반응, (다) : 항상성

ㄱ. 적응과 진화의 예이다. (ㄱ. 참)

ㄴ. 무릎 반사의 중추는 척수이다. (ㄴ. 거짓)

ㄷ. 글루카곤은 이자의 α 세포에서 분비된다. (ㄷ. 거짓)

2. 정답 ②

A : 무좀, B : 파상풍, C : 홍역

ㄱ. 모기를 매개로 감염되는 것은 원생생물의 예이다. 무좀은 균류의 예이다. (ㄱ. 거짓)

ㄴ. 파상풍은 세균의 예로 단세포 원핵생물이다. (ㄴ. 참)

ㄷ. 바이러스는 독립적으로 물질대사를 할 수 없다. (ㄷ. 거짓)

3. 정답 ②

ㄱ. t_1일 때가 t_2일 때보다 기온(온도)이 높다. 그림 (가)를 보면 기온이 높을수록 순생산량은 작다. (ㄱ. 거짓)

ㄴ. 온도 변화에 따른 호흡량의 변화는 t_1일 때가 t_2일 때보다 작다. (가)에서 접선의 기울기를 비교 (ㄴ. 거짓)

ㄷ. 온도(비생물적 요인)에 따라 A의 호흡량(생물적 요인)이 달라지는 것은 비생물적 요인이 생물에 영향을 미치는 예에 해당한다. (ㄷ. 참)

4. 정답 ①

A는 호흡계, B는 배설계이다.

ㄱ. ㉠은 심장이다. (ㄱ. 참)

ㄴ. 대장은 소화계에 속한다. (ㄴ. 거짓)

ㄷ. 암모니아에서 요소로 전환되는 곳은 간이다. (ㄷ. 거짓)

5. 정답 ④

(나)에서 ㉠이 ㉡보다 먼저 증가하므로 ㉠이 '방추사의 길이', ㉡이 '염색 분체 사이의 거리'이다.

ㄱ. (ㄱ. 거짓)

ㄴ. t_1일 때는 분열기 시점이므로 구간 I 보다 구간 II에서 더 많다. (ㄴ. 참)

ㄷ. I과 II 시기의 세포에는 모두 뉴클레오솜이 존재한다. (ㄷ. 참)

6. 정답 ③

ADH가 증가할수록 증가하는 값은 오줌 삼투압이다.

ㄱ. 시상하부는 ADH 분비를 조절한다. (ㄱ. 참)

ㄴ. (ㄴ. 참)

ㄷ. 콩팥에서의 수분 재흡수량은 C_1일 때가 C_2일 때보다 적다. (ㄷ. 거짓)

7. 정답 ③

홍채 X의 크기는 동공의 크기에 반비례한다. 즉 ⓐ일 때가 ⓑ일 때보다 상대적으로 밝은 곳이다.

ㄱ. 동공 크기 조절의 중추는 중뇌이다. (ㄱ. 참)

ㄴ. (ㄴ. 참)

ㄷ. t_1일 때는 부교감 신경 활동 전위 발생 빈도가 높고, t_2일 때는 교감 신경 활동 전위 발생 빈도가 높다. 신경 세포체가 척수에 있는 신경은 교감 신경이므로 t_1일 때가 t_2일 때보다 낮다. (ㄷ. 거짓)

8. 정답 ⑤

ㄱ. 지방이 분해되는 과정에서 생성되는 노폐물에는 이산화탄소와 물이 있다. (ㄱ. 참)

ㄴ. 단백질이 합성되는 과정은 에너지를 흡수하는 흡열 반응이 일어나기에 동화 작용이다. (ㄴ. 참)

ㄷ. (ㄷ. 참)

9. 정답 ④

AADE인 아버지와 AA^*EG 어머니 사이에서 아이가 태어날 때 이 아이에게서 나타날 수 있는 표현형의 최대 12가지

I) $1 \times 3 \times 4$ 가지

II) $2 \times 2 \times 3$ 가지

마지막 조건 : 표현형 최대 18가지 : $3 \times 3 \times 2$

(가)와 (나) 중 하나는 우열 관계가 분명하지 않고 다른 하나는 우열 관계가 분명하므로 표현형이 2가지와 3가지이다. 따라서 DG - DG 관계에서 표현형이 3가지가 나와야 하므로 D와 G의 우열 관계는 분명하지 않다.

II) $2 \times 2 \times 3$ 가지

$AA - AA^*$ 관계에서 나올 표현형이 2가지라면 (가)의 대립유전자 사이의 우열 관계가 분명하지 않고 (나)의 대립유전자 사이의 우열 관계는 분명하다. 부모의 (나)의 유전자형이 없어도 이 아이에게서 나타날 수 있는 (나)의 표현형은 최대 2가지이다. 그러면 DE - EG 관계에서 표현형이 3가지가 나와야 하지만 DE, DG, EE, EG 에서는 2가지 또는 4가지가 가능하므로 모순이 생긴다.

$A^* > A$이면 (가)의 대립유전자 사이의 우열 관계가 분명하고 (나)의 대립유전자 사이의 우열 관계는 분명하지 않으면 표현형이 12가지가 가능하나 ㉮의 표현형이 아버지와 같을 확률은 $\frac{1}{2} \times \frac{1}{2} \times \frac{3}{4} = \frac{3}{16}$이므로 모순이다.

I) $1 \times 3 \times 4$ 가지

(가) : 대립유전자 사이의 우열 관계 분명함

(나) : 대립유전자 사이의 우열 관계 분명하지 않음

(다) : $D = G > F > E$ 또는 $D = G > E > F$

ⓐ : $AABB^*DE$, ⓑ : AA^*BB^*DG

㉠ : $\frac{3}{4} \times \frac{2}{4} \times \frac{1}{4} = \frac{3}{32}$, ㉡ : $1 \times \frac{2}{4} \times \frac{1}{4} = \frac{4}{32}$이므로 ㉠+㉡ : $\frac{7}{32}$

10. 정답 ②

(가) : A, D, E, (나) : B, (다) : C

ㄱ. B는 (나)의 세포이다. (ㄱ. 거짓)

ㄴ. X 염색체의 수는 C가 2개, A가 1개다. (ㄴ. 참)

ㄷ. D와 E는 같은 개체의 세포이다. (ㄷ. 거짓)

11. 정답 ③

t_1일 때 갑상샘 기능 저하증이 생겨 ㉠이 내려간 것을 보아 ㉠은 티록신, ㉡은 TSH이다.

ㄱ. 티록신의 분비는 음성 피드백에 의해 조절된다. (ㄱ. 참)

ㄴ. TSH을 분비하는 내분비샘은 뇌하수체 전엽이다. (ㄴ. 참)

ㄷ. t_1일 때 갑상샘 기능 저하증이 생겼다. 따라서 구간 Ⅱ에서는 구간 Ⅰ보다 음성 피드백에 의해 TRH의 농도가 더 높다. (ㄷ. 거짓)

12. 정답 ⑤

우점종 : 상대 밀도 + 상대 빈도 + 상대 피도

ㄱ. Ⅰ의 식물 군집에서 우점종은 B, Ⅱ의 식물 군집에서 우점종은 A이다. (ㄱ. 거짓)

ㄴ. Ⅱ에서 A가 출현한 방형구의 수는 전체 방형구 20개에서 상대 빈도 75% 곱한 값인 15이다. (ㄴ. 참) (문제를 보면 Ⅱ의 총 방형구의 수는 20개입니다. 그리고 Ⅱ에서 상대빈도의 비율은 A : B : C = 15 : 2 : 3입니다. 빈도의 정의는 특정 종이 출현한 방형구 수 / 전체 방형구의 수, 상대 빈도의 정의는 특정 종의 빈도 / 조사한 모든 종의 빈도의 합 X 100이기 때문에 상대 빈도의 정의를 다르게 표현하면 특정 종(A)의 상대 빈도 = 특정 종(A)가 출현한 방형구의 수 / {특정 종(A)가 출현한 방형구의 수 + 특정 종(B)가 출현한 방형구의 수 + 특정 종(C)가 출현한 방형구의 수} X 100으로 설명할 수 있습니다. 즉 특정 종의 상대 빈도는 특정 종의 출현한 방형구의 수와 비례한다는 것을 알 수 있습니다. 문제는 특정 종(A)의 출현한 방형구의 수 + 특정 종(B)의 출현한 방형구의 (수) + 특정 종(C)의 출현한 방형구의 수 이 3개의 합이 전체 방형구의 수와 무조건 같다는 아닙니다. 하지만 방형구의 수는 정수만 가능하고(2.5개, 3.5개 소수점 불가), 문제에 주어진 총 방형구의 개수를 초과해서 특정 출현한 방형구의 수가 나올 수 없습니다. 예를 들어 문제에서 총 방형구가 50개라고 했는데 특정 (A)가 출현한 방형구의 수가 60이 될 수 없습니다. Ⅱ에서 상대빈도의 비율은 A : B : C = 15 : 2 : 3이기에 특정 종의 출현한 방형구의 수도 이 비율 그대로 가져가야 합니다. 하지만 정수만 가능하고 총 방형구의 수는 20개이기 때문에 A가 출현한 방형구의 수는 15, B가 출현한 방형구의 수는 2, C가 출현한 방형구의 수는 3만 가능합니다. A가 출현한 방형구의 수가 7.5가 될 수 없고, 30이 될 수 없습니다.)

ㄷ. Ⅰ의 면적은 Ⅱ의 면적의 2배이고, Ⅱ의 전체 개체 수는 Ⅰ의 전체 개체 수의 2배이므로 밀도는 Ⅱ가 Ⅰ의 4배이다. Ⅱ에서 C의 밀도는 $\frac{20}{1}$, Ⅰ에서 B의 밀도는 $\frac{40}{4}$이다. (ㄷ. 참)

13. 정답 ②

6ms일 때 B에서 0인 것을 통해 B의 흥분 전도 속도는 2cm/ms임을 알 수 있고, A의 흥분 전도 속도는 1cm/ms이다. ㉠~㉢ 중 3이 있다는 것은 자극 지점으로부터 대칭인 지점이 존재해야 한다. 즉, 자극 지점은 d_2, d_3, d_4 중 하나이다.

5ms일 때 A와, 4ms일 때 B에서 ㉡인 것을 주목해본다.

A에서는 자극 지점으로부터 2cm, 3cm 떨어진 지점이 ㉡개라는 것이고, B에서는 자극 지점으로부터 2cm, 4cm 떨어진 지점이 ㉡개라는 뜻이다.

자극 지점으로부터 3cm 떨어진 지점과 4cm 떨어진 지점의 개수는 같아야 하므로 이를 만족하는 지점은 d_4가 유일하다.

ㄱ. X는 d_4이다. (ㄱ. 거짓)

ㄴ. ㉠= 2, ㉡= 3, ㉢= 1이다. (ㄴ. 참)

ㄷ. $\frac{9}{2}$ms일 때 A의 d_1에서의 막전위는 -70mV보다는 크지만 음수이고, B의 d_2에서의 막전위는 -80mV이다. 따라서 1보다 작다. (ㄷ. 거짓)

14. 정답 ①

Ⅰ의 ⓐ+ⓑ+ⓒ의 값은 0이므로 ⓓ의 DNA의 상대량은 1 또는 2이고, ⓓ는 18번 염색체 위에 있는 B와 b 중 하나이다. Ⅱ의 ⓑ+ⓒ+ⓓ의 값이 0이므로, ⓐ의 DNA 상대량은 1 또는 2이고, ⓐ는 18번 염색체 위에 있는 B와 b 중 하나이다. 따라서 ⓑ와 ⓓ, ⓑ와 ⓒ는 서로 대립유전자이며, ⓑ와 ⓒ는 A와 a 중 하나이다. Ⅰ과 Ⅱ는 모두 A와 a를 갖지 않으므로, Ⅲ이 A와 b를 갖는 ⓒ이다. Ⅰ과 Ⅱ의 핵상은 n이며, Ⅲ의 유전자형과 Ⅰ과 Ⅱ의 유전자형은 다르다. 따라서 ㉠이 분열할 때 상동 염색체 분리가 일어난다. 그러므로 Ⅲ에서 ⓑ+ⓒ의 값은 2이며, ⓐ+ⓓ의 값은 2이다. 표를 참고하면, Ⅲ의 ⓐ(B)의 DNA 상대량은 0이고, ⓓ(b)의 DNA 상대량은 2이다.

Ⅱ의 ⓐ+ⓑ+ⓒ의 값과 Ⅲ의 ⓒ+ⓓ+ⓐ의 값이 같다는 것을 주목해보자. Ⅲ의 ⓐ는 0, ⓓ는 2이기에 ⓒ+ⓓ+ⓐ의 값은 2 또는 4가 가능하다. 만약 ⓒ+ⓓ+ⓐ이 4라면 Ⅱ의 ⓐ+ⓑ+ⓒ에서 ⓐ= 2, ⓑ+ⓒ= 2로, 이는 ㉤이 아닌 ㉢이다. 하지만 ㉢에서 X 염색체(ⓑ+ⓒ= 2)를 물려받았는데, ㉣ 또한 X 염색체를 물려받는 것은 성립하지 않는다. 따라서 Ⅲ의 ⓒ+ⓓ+ⓐ의 값은 2이다. Ⅱ에서 ⓐ+ⓑ+ⓒ= 2이므로, ⓑ+ⓒ= 0, ⓐ= 2이다. 상동 염색체의 분리가 일어난 (가)에서 가능하므로 Ⅱ는 ㉣이고, 나머지 Ⅰ은 ㉤이다.

ㄱ. Ⅰ은 ㉤이다. (ㄱ. 거짓)

ㄴ. ⓑ+ⓒ= 0, Ⅰ(㉤)은 염색 분체 분리가 일어난 뒤 시점이므로 ⓓ= 1이다. ㉮= 1, ㉯= 2이다. (ㄴ. 참)

ㄷ. Ⅲ(㉢)에 ⓒ+ⓓ+ⓐ= 2이므로, ⓒ= 0이다. 즉, ⓓ= 2이고, Ⅲ(㉢)에 A를 가진다는 조건에 의해, ⓑ= A, ⓒ= a이다. (ㄷ. 거짓)

15. 정답 ③

X의 액틴 필라멘트의 길이는 $2\times(㉠+㉡)$과 같고, 마이오신 필라멘트의 길이는 $2\times㉡+㉢$과 같으므로, $2\times㉠=㉢$이다. t_1일 때 ㉠의 길이를 a, ㉡의 길이를 2a라고 하고, t_2일 때 ㉠의 길이를 b, ㉡의 길이를 2b라고 하자. 분수 조건에 의해, t_2일 때 ㉡의 길이는 2b이다. t_1에서 t_2로 될 때 X의 변화량을 $-2k$라고 하면, ㉠의 길이는 t_1일 때가 t_2일 때보다 k만큼 크고, ㉡의 길이는 t_2일 때가 t_1일 때보다 k만큼 크다.

따라서 $\dfrac{t_1\text{일 때 ㉠의 길이}}{t_2\text{일 때 ㉠의 길이}}=\dfrac{t_2\text{일 때 ㉡의 길이}}{t_1\text{일 때 ㉡의 길이}}$가 같으려면, t_1일 때 ㉠의 길이와 t_2일 때 ㉡의 길이가 같고 t_2일 때 ㉠의 길이와 t_1일 때 ㉡의 길이가 같거나, k가 0이어야 한다. (수식으로도 증명이 가능하다. t_1일 때 ㉠의 길이가 a, t_2일 때 ㉠의 길이가 b, t_2일 때 ㉡의 길이는 2b이면 t_1일 때 ㉡의 길이는 $3b-a$이다. 대각선끼리 곱하면 $3ab^2-a^2=2b^2$이고, 이항해서 인수분해하면 $(a-2b)(a-b)=0$이다. 하지만 문제 조건에 의해 k는 0이 아니므로, t_1일 때 ㉠의 길이인 a는 t_2일 때 ㉡의 길이인 2b와 같다. 즉 a= 2b이다. 또한 t_1일 때 ㉡의 길이는 t_2일 때 ㉠의 길이와 같은 b이다.

정리하면 t_1일 때 ㉠, ㉡, ㉢의 길이는 각각 2b, b, 4b이고, t_2일 때 ㉡, ㉢의 길이는 각각 b, 2b, 2b이다.

ㄱ. 근육 섬유는 근육 원섬유로 구성되어 있다. (ㄱ. 참)

ㄴ. t_1일 때 ㉠의 길이와 t_2일 때 ㉡의 길이는 2b로 같다. (ㄴ. 참)

ㄷ. H대의 길이는 t_1일 때가 4b, t_2일 때가 2b로, t_2일 때가 t_1일 때보다 짧다. (ㄷ. 거짓)

16. 정답 ⑤

Ⅱ에 Y를 1회 주사했고, 2주 뒤 다시 ㉠~㉢을 주사했을 때 ㉡을 주사한 뒤 항체 농도가 급격하게 증가한 것으로 보아 ㉡은 Y이다. 또한 ㉠과 ㉢은 항체 농도가 원만하게 증가한 것으로 보면 ㉮는 혈청, ㉯는 기억 세포이다. Ⅲ의 기억 세포를 (나)의 생쥐 Ⅳ에 넣었기에 ㉠은 Z가 되고, 자동적으로 ㉢은 X이다.

ㄱ. (ㄱ. 참)

ㄴ. 구간 ⓐ에서 항원 Y에 대한 2차 면역 반응이 일어난다. 이 때 ㉡에 대한 기억 세포가 형질 세포로 분화된다. (ㄴ. 참)

ㄷ. 비특이적 방어 작용은 항원 침입 시 구간 ⓑ에서 일어난다. (ㄷ. 참)

17. 정답 ④

$a+B+d$의 값과 돌연변이 자손의 핵형이 정상이라는 점을 주목해본다. ⓐ가 자녀 1이라면, ㉡이 감수 1분열에서 비분리가 일어나 형성된 난자여야 한다. 그러나 이 경우는 어머니가 자신의 염색체를 그대로 자녀 1에게 물려주어 어머니와 자녀 1의 표현형이 완전히 같아야 하므로 모순이다. 즉 자녀 1은 정상 자손이고, 아버지와 자녀 1(딸)의 관계에 의하여 (가)는 열성 형질이다. ⓐ가 자녀 2이라면, ㉡이 감수 1분렬에서 비분리가 일어나 형성된 정자여야 한다. 그러나 이 경우는 아버지가 자신의 염색체를 그대로 자녀 2에게 물려주어 아버지와 자녀 2의 표현형이 완전히 같아야 하므로 모순이다. 즉 자녀 2는 정상 자손이고, 어머니와 자녀 2(아들)의 관계에 의하여 (나)는 우성 형질이다.

따라서 ⓐ는 자녀 3인데, ㉡이 감수 2분열에서 비분리가 일어나 형성된 정자라면 아버지와 자녀 3의 표현형이 완전히 같아야 하므로 모순이다. 즉 ㉡은 감수 2분열에서 비분리가 일어나 형성된 난자이다.

아버지가 $(a??)$/Y이므로 자녀 1은 $(Ab?)$/$(ab?)$인데, 자녀 1에서 $a+B+d$는 3이므로 자녀 1은 (Abd)/(abd)이다. 즉 아버지는 (abd)/Y이고, 어머니는 (Abd)/$(?B?)$이다. 이 때 아버지에게서 (다)가 발현되었으므로 (다)는 우성 형질이다. ㉡이 감수 2분열에서 비분리가 일어나 형성된 난자라는 것과 자녀 3에서 $a+B+d$가 4라는 것을 고려했을 때, 자녀 3은 (aBD)/(aBD)여야 한다. 즉 어머니는 (Abd)/(aBD)이다.

ㄱ. (가)는 열성 형질, (나)와 (다)는 우성 형질이다. (ㄱ. 거짓)

ㄴ. ㉡은 감수 2분열에서 염색체 비분리가 일어나 형성된 난자이다. (ㄴ. 참)

ㄷ. 어머니의 (가)~(다)의 유전자형은 (Abd)/(aBD)이므로 모두 이형 접합성이다. (ㄷ. 참)

18. 정답 ⑤

ㄱ. 연역적 탐구 방법이다. (ㄱ. 거짓)

ㄴ. X는 나무가 생장하는데 도움을 준다는 결론을 통해 ㉠은 B, ㉡은 A이다. (ㄴ. 참)

ㄷ. 종속변인이란 조작 변인의 영향을 받아 변하는 요인으로 탐구에서 측정되는 값에 해당한다. 생장량(상댓값)은 이 실험의 종속변인이다. (ㄷ. 참)

19. 정답 ①

8은 ⓐ가 발현되었는데 4는 ⓐ가 발현되지 않았기에 ⓐ는 X 염색체에 있는 열성 형질이 될 수 없다. 또한 1은 ⓐ가 발현되었는데, 3에서 ⓐ가 발현되지 않았기에 X 염색체에 있는 우성 형질이 될 수 없다. 즉, ⓐ는 상염색체에 존재한다.

문제 조건에 따라 ⓑ와 ㉢은 X 염색체에 있고, 4에서 ⓑ가 발현되었는데 8은 ⓑ가 발현되지 않았으므로 X 염색체에 있는 열성 형질이다. 그리고 4에서 ㉢이 발현되지 않았는데 8은 ㉢이 발현되었기에 ㉢은 X 염색체에 있는 우성 형질이다.

ⓐ - 상염색체 / 우성 형질 or 열성 형질

ⓑ - X 염색체 / 열성 형질

㉢ - X 염색체 / 우성 형질

Ⅰ) ⓐ : ㉠, ⓑ : ㉡, ⓐ가 우성 형질인 경우

4 : A^*A^*, B^*D^*/Y　5 : A?, BD/??, 8 : AA^*, BD/B^*D^*

9 : A^*A^*, B^*D/Y

마지막 분수 조건에 성립이 안 된다.

Ⅱ) ⓐ : ㉠, ⓑ : ㉡, ⓐ가 열성 형질인 경우

4 : AA^*, B^*D^*/Y　5 : A^*A^*, BD/??, 8 : A^*A^*, BD/B^*D^*

9 : AA^*, B^*D/Y

마지막 분수 조건에 성립이 안 된다.

Ⅲ) ⓐ : ㉡, ⓑ : ㉠, ⓐ가 우성 형질인 경우

4 : B^*B^*, A^*D^*/Y　5 : B?, AD/??, 8 : BB^*, AD/A^*D^*

9 : B^*B^*, A^*D/Y

마지막 분수 조건과 5는 ㉡에 대해 이형 접합성임을 통해, 5의 ㉠~㉢ 유전자형이 BB^*, AD/A^*?이면 성립을 한다.

Ⅳ) ⓐ : ㉡, ⓑ : ㉠, ⓐ가 열성 형질인 경우

4 : BB^*, A^*D^*/Y　5 : B^*B^*, AD/??, 8 : B^*B^*, AD/A^*D^*

9 : BB^*, A^*D/Y

마지막 분수 조건은 성립하지만 5는 ㉡에 대해 이형 접합성이기 때문에 모순이 된다.

따라서 ⓐ : ㉡, ⓑ : ㉠이고 ⓐ는 우성 형질이다.

ㄱ. ㉢은 X 염색체에 있다. (ㄱ. 참)

ㄴ. ㉡은 ⓐ이고 우성 형질이다. (ㄴ. 거짓)

ㄷ. 8 : BB^*, AD/A^*D^*　9 : B^*B^*, A^*D/Y이다. ㉡과 ㉢만 발현될 확률은 ㉡이 발현될 확률 $\frac{1}{2}$, ㉠이 발현되지 않지만 ㉢이 발현될 확률 $\frac{2}{4}$이므로 $\frac{1}{2} \times \frac{2}{4} = \frac{1}{4}$이다. (ㄷ. 거짓)

20. 정답 ②

ㄱ. A와 B는 포식과 피식의 관계이고, B보다 A가 생물량이 먼저 감소한 것으로 보아 A는 피식자, B는 포식자이다. 그런데 A와 B는 모두 동물의 종이기 때문에 A는 생산자가 아닌 최소 1차 소비자 이상이고 자동적으로 B는 최소 2차 소비자 이상이다. (생산자에 동물의 종은 존재하지 않는다.) (ㄱ. 거짓)

ㄴ. 피식과 포식은 군집 내 개체군 사이의 상호 작용이다. (ㄴ. 거짓)

ㄷ. 환경저항은 어느 구간에서나 항상 받는다. (ㄷ. 참)

과학탐구 영역(생명과학 I)

정답

1	③	2	④	3	②	4	②	5	⑤
6	①	7	①	8	⑤	9	①	10	②
11	①	12	④	13	②	14	⑤	15	③
16	④	17	③	18	②	19	①	20	②

예상 등급 컷

1등급 : 45점

2등급 : 40점

3등급 : 37점

해설

1. 정답 ③

ㄱ. ㉠에는 요소의 이동이 포함된다. (ㄱ. 참)

ㄴ. (가)는 소화계로 부교감 신경이 작용하는 기관이 있다. (ㄴ. 참)

ㄷ. 대장은 (가)인 소화계에 속한다. (나)는 배설계이다. (ㄷ. 거짓).

2. 정답 ④

상리 공생은 서로 다른 두 종이 모두 이익을 봐야 하고, 종간 경쟁은 서로 다른 두 종이 모두 손해를 봐야 하므로 ㉠은 상리 공생, ㉡은 종간 경쟁이다. ⓐ는 손해이고 기생은 둘 중 한 종은 피해가 발생하므로, ⓑ는 손해이다.

ㄱ. (ㄱ. 참)

ㄴ. 빨판상어와 거북은 편리 공생의 예이다. (ㄴ. 거짓)

ㄷ. 종간 경쟁은 서로 다른 두 종의 생태적 지위가 서로 비슷하다. (ㄷ. 참)

3. 정답 ②

㉠ : 기억 세포, ㉡ : 형질 세포

ㄱ. 1차 면역 반응에서 기억 세포는 형성된다. (ㄱ. 거짓)

ㄴ. 구간 Ⅰ에서 항체 농도가 증가하는 것으로 보아 체액성 면역 반응이 일어난다. (ㄴ. 참)

ㄷ. 기억 세포가 분화되어 형질 세포로 되는 것은 2차 면역 반응 Ⅱ에서 일어난다. Ⅰ에서는 일어나지 않는다. (ㄷ. 거짓)

4. 정답 ②

㉠ : 소비자, ㉡ : 생산자

ㄱ. (ㄱ. 거짓)

ㄴ. ⓐ는 질소 고정 세균에 의해 질소 고정되는 것이고, ⓑ는 질산화 세균에 의해 질산화 작용이 일어난다. (ㄴ. 참)

ㄷ. Ⅰ에서가 Ⅱ에서보다 질소 화합물의 양의 늘어나는 속도가 낮으므로 ⓒ의 속도가 ⓐ의 속도보다 느린 곳은 Ⅱ이고 ⓒ의 속도가 ⓐ의 속도보다 빠른 곳은 Ⅰ이다. 따라서 Ⅰ에서가 Ⅱ에서보다 크다. (ㄷ. 거짓)

5. 정답 ⑤

A는 중간뇌, B는 척수, (가)는 심장, (나)는 방광이다.

ㄱ. 심장이 연수와 연결되어 있으면 그 자율 신경은 부교감 신경, 동공이 중간뇌와 연결되어 있으면 그 자율 신경은 부교감 신경이다. (ㄱ. 참)

ㄴ. A는 중간뇌로 뇌줄기에 속한다. (ㄴ. 참)

ㄷ. 척수는 회피 반사의 중추이다. (ㄷ. 참)

6. 정답 ①

A. 삼림, 초원, 사막, 습지 등이 다양하게 나타나는 것은 생태계 다양성에 해당한다. (ㄱ. 참)

B. 사람마다 눈동자 색이 다른 것은 유전적 다양성에 해당한다. (ㄴ. 거짓)

C. 유전적 다양성이 낮은 종은 환경이 급격히 변했을 때 멸종될 확률이 높다. (ㄷ. 거짓)

7. 정답 ①

ㄱ. ADH의 표적 기관은 콩팥이다. (ㄱ. 참)

ㄴ. 물 섭취 후에 ㉠의 양이 감소한 것으로 보아 ㉠은 오줌 삼투압이다. (ㄴ. 거짓)

ㄷ. 혈장 삼투압은 오줌 삼투압과 비례하므로 Ⅰ에서가 Ⅱ에서보다 낮다. (ㄷ. 거짓)

8. 정답 ⑤

모든 세포는 9번 염색체를 가지므로, ⓐ는 9번 염색체이고, ㉮는 ○이다. 이때 ⓑ와 ⓒ는 X 염색체와 Y 염색체 중 하나가 되는데, 세포 Ⅱ에는 ⓑ가 없고 세포 Ⅲ에는 ⓒ가 없으므로 P는 남자이고, ⓑ와 ⓒ의 핵상은 모두 n이며, ㉯는 ○이다. Ⅰ에서 ㉠-㉡은 2-1, 1-0이다. 즉 Ⅰ에는 1이 존재하므로, Ⅰ은 DNA 복제가 일어나지 않은 세포이다. 따라서 Ⅰ에서 ㉢-㉣은 2-0이므로, Ⅰ의 핵상은 $2n$이다. 즉 Ⅰ에는 X 염색채와 Y 염색체가 모두 존재하므로, ㉰는 ○이다.

Ⅰ에서 ㉢-㉣이 2-0인데 ㉠-㉡이 2-1일 수는 없으므로 ㉠-㉡은 1-0이다. 즉 Ⅰ에서 ㉠~㉣의 각각의 DNA 상대량은 각각 1, 0, 2, 0이다. Ⅰ이 DNA 복제가 일어나지 않은 $2n$인 세포이고, ㉠~㉣이 H, h, R, r 중 하나이므로 Ⅰ에서 H와 h의 합, R와 r의 합은 각각 1과 2 중 하나이다. 따라서 H와 h, R와 r 중 한 쌍의 대립유전자는 상염색체에, 한 쌍의 대립유전자는 성염색체에 존재하며, ㉠은 성염색체 유전자이고, ㉢은 상염색체 유전자이다.

핵상이 $2n$인 세포 Ⅰ에서 ㉡과 ㉣이 모두 0이므로 Ⅱ에서 ㉠-㉡은 0-0이고, ㉢-㉣은 1-0이며, Ⅲ에서 ㉢-㉣은 2-0이다. 즉 Ⅱ는 DNA 복제가 일어나지 않은 세포이고, Ⅲ은 DNA 복제가 일어난 세포이다. 이때 Ⅱ와 Ⅲ이 가지는 성염색체의 종류는 다르므로 Ⅲ에서 ㉠은 2이다. 핵상이 $2n$인 세포 Ⅰ에서 ㉡이 0이므로 Ⅲ에서 ㉠-㉡은 2-0이다. 즉 ㉱는 2이다.

ㄱ. ㉮~㉰는 모두 ○이다. (ㄱ. 참)

ㄴ. ㉢은 상염색체에 존재한다. (ㄴ. 참)

ㄷ. ㉱는 2이다. (ㄷ. 참)

9. 정답 ①

ㄱ. ㉠은 뇌하수체 전엽이다. (ㄱ. 참)

ㄴ. ⓐ는 TRH, ⓑ는 TSH이다. (ㄴ. 거짓)

ㄷ. ⓒ(티록신)의 분비량이 과다 시 갑상샘 기능 항진증이 일어난다. (ㄷ. 거짓)

10. 정답 ②

ⓑ가 ⓝ로 일정하기 때문에 ⓑ는 ⓛ이다. t_2일 때와 t_3일 때 X의 길이는
다르면서 ⓒ+ⓓ의 길이도 각각 ⑦와 ⓝ로 다른 것을 주목해본다. ⓒ+ⓡ,
⑦+ⓛ은 일정하기에 ⓒ+ⓓ는 (⑦+ⓛ) 또는 (ⓒ+⑦)이 된다. 자동으로
ⓐ는 ⓡ이 된다.

t_2일 때 X의 길이 : $2 \times (⑦+ⓛ+ⓡ) = 2.8\mu m$

⑦+ⓛ+ⓡ $= 1.4\mu m = ⑦+ⓝ$

t_2와 t_3일 때 ⓝ와 ⑦의 차이 : $0.4\mu m$

두 식을 연립하면 ⑦$= 0.5\mu m$, ⓝ$= 0.9\mu m$

t_1일 때 ⓐ(ⓡ)의 길이가 $0.5\mu m$이므로 t_1일 때 X의 길이는 $3.6\mu m$이다.

t_1일 때 ⓑ의 길이와 ⓒ의 길이의 합이 $1.5\mu m$이므로 ⓒ는 ⑦이 될 수 없다.
(⑦+ⓛ$= 1.8\mu m$) 따라서 ⓒ=ⓛ, ⓓ=⑦이다.

ㄱ. 구간 ⓓ는 ⑦이므로 액틴 필라멘트만 관찰된다. (ㄱ. 거짓)

ㄴ. $1.5\mu m + 0.5\mu m = 2.0\mu m$이다. (ㄴ. 참)

ㄷ. $t_3 : \dfrac{0.6}{0.7-0.3} = \dfrac{3}{2}$, $t_2 : \dfrac{0.4}{0.9-0.1} = \dfrac{1}{2}$이므로 3배이다. (ㄷ. 거짓)

11. 정답 ①

C와 D의 Ⅲ을 통해 흥분 전도 속도는 D가 C보다 빠르다. C의 Ⅲ에서의
막전위 크기는 $-15mV$이고, C의 Ⅰ에서의 막전위 크기 $-15mV$으로
동일한 것은 C의 Ⅲ에서는 재분극이 일어났고, C의 Ⅰ에서는 탈분극이
일어났다.(∵ D의 Ⅲ과 Ⅳ의 비교로 Ⅲ이 더 긴 시간임을 알 수 있고,
그래서 C에서 Ⅲ과 Ⅳ의 비교로 Ⅲ의 $-15mV$가 재분극임을 알 수 있다.
자동적으로 Ⅰ에서의 $-15mV$는 탈분극임을 알 수 있다.) 따라서
Ⅰ~Ⅳ의 시간 순서는 (Ⅱ, Ⅰ, Ⅳ, Ⅲ)이다.(∵ (Ⅲ, Ⅱ, Ⅳ, Ⅰ)는
가능하지 않다. 흥분 전도 속도는 D가 C보다 빠르지만 D의 Ⅱ에서의
막전위와 C의 Ⅳ에서의 막전위가 모두 $+30mV$이기 때문에 모순이
생긴다. (Ⅲ, Ⅳ, Ⅰ, Ⅱ)는 B에 의해 모순이 생긴다.)

ㄱ. 시간의 순서는 Ⅱ$(t_1) \to$ Ⅰ$(t_2) \to$ Ⅳ$(t_3) \to$ Ⅲ(t_4)이다. (ㄱ. 참)

ㄴ. C의 d_2에서는 탈분극이 일어나고 있다. (ㄴ. 거짓)

ㄷ. ⓐ는 $-15 < ⓐ < +30$ (재분극 위치), $+5 < ⓐ < +30$ (탈분극 위치)이고,
ⓑ는 $-15 < ⓐ < +30$ (탈분극 위치)이다. ⓐ+ⓑ의 값은 최대 15가 가능하
다. (ㄷ. 거짓)

12. 정답 ④

ㄱ. 잠을 잘 때 호흡 운동에 소모되는 에너지양은 기초 대사량에 속한다.
활동 대사량이란 밥 먹기, 공부하기, 운동하기 등 다양한 활동을 하면서
소모되는 에너지양이다. (ㄱ. 거짓)

ㄴ. A가 하루 동안 소비한 기초 대사량은 $875kcal \times \dfrac{20}{7} = 2500kcal$에서

60%인 $1500kcal$이다. (ㄴ. 참)

ㄷ. A가 하루 동안 소비한 활동 대사량은 $875kcal$이므로 하루 동안 소비한

1일 대사량은 $875kcal \times \dfrac{20}{7} = 2500kcal$이다. A가 섭취한 에너지양은

$300 \times 4 + 200 \times 4 + 50 \times 9 = 2450kcal$이다. 이와 같은 에너지 섭취와
활동에 따른 에너지 소비를 지속하면 A의 체중은 감소할 것이다. (ㄷ.
참)

13. 정답 ②

(가)와 (라) : A, (나) : B, (다) : C

ㄱ. (라)는 A이다. (ㄱ. 거짓)

ㄴ. (가)와 (라)는 A이므로 같은 개체이기에 핵형은 서로 같다. (ㄴ. 참)

ㄷ. C의 감수 1분열 중기 세포 1개당 염색 분체 수는 12이다. (ㄷ. 거짓)

14. 정답 ⑤

홍역을 일으키는 병원체 - 바이러스, 파상풍을 일으키는 병원체 - 세균,
말라리아를 일으키는 병원체 - 원생생물

ㄱ. 세균은 핵이 없는 단세포 원핵생물이고 항생제로 치료 가능하다.
따라서 C는 파상풍을 일으키는 병원체이고 독립적으로 물질대사가
가능한 것은 바이러스가 아닌 원생생물이다. 즉 A는 홍역을 일으키는
병원체, B는 말라리아를 일으키는 병원체이다. 원생생물은 핵막이
존재하므로 ⑦~ⓒ은 모두 ○이다. (ㄱ. 참)

ㄴ. (ㄴ. 참)

ㄷ. B와 C는 세포로 이루어져 있다. (ㄷ. 참)

15. 정답 ③

EF와 EG의 표현형이 다르므로 E가 최고의 우성이 아님을 주목한다. ⓒ은
핵상이 $2n$이고 ⑦과 ⓛ의 핵상은 n이 된다. 그러면 ⓛ에서 A 또는 a는
반드시 존재해야 하므로 ⓐ는 반드시 A 또는 a이다. ⓒ가 E 또는 F이고
ⓓ가 A 또는 a일 경우 ⓛ에서 모순이므로 ⓓ 역시 E 또는 F이다. 그리고
나머지 ⓑ가 A 또는 a가 된다. 이때 P는 반드시 G를 가지고 있기 때문에
P의 유전자형은 AaB?ⓒG이다.

Q를 보면 ⓜ과 ⓗ은 핵상이 n이라는 것을 알 수 있고, 이때 ⓜ에서 ⓖ가
반드시 B 또는 b로 존재해야 하는데, 조건에 의해 P는 AaBBⓒG이다.
또한 Q는 ⓔ와 ⓕ를 모두 가지므로 BdⓓG인 것까지 알 수 있다.

조건에서 표현형이 10가지라는 것에 주목해본다.

모두 독립이라면 성립 할 수 없고, 2개의 대립유전자가 같은 염색체에 있고,
나머지 하나의 대립유전자가 다른 염색체에 있다면 가능하다.

이 조건에 만족시키는 경우는 F > E > G이며, P의 유전자형은 Aa,
BF/BG, Q는 BG/bE이다.

따라서 구하는 확률은 $\dfrac{1}{8} + \dfrac{1}{16} = \dfrac{3}{16}$이다.

16. 정답 ④

ㄱ. ⓐ는 항상성의 예이다. (ㄱ. 참)

ㄴ. 조작 변인은 털의 깎은 유무이다. 1일 수분 손실량은 종속 변인이다.
(ㄴ. 거짓)

ㄷ. ⑦은 실험군, ⓛ은 대조군이다. (ㄷ. 참)

17. 정답 ③

⑦이 상염색체에 있다면 아버지, 어머니, 아들 1의 ⑦의 유전자형은 모두
AA^*이고 발현 유무가 같다. 이때 ⑦의 발현된 사람의 수는 2명이기에
모순이 생긴다. 따라서 ⑦은 X 염색체에 있다.

ⓛ이 상염색체에 있다면 ⓛ의 발현된 사람의 수는 3명이기에 유전병이
우성이든 열성이든 성립하지 않는다. 따라서 ⓛ은 X 염색체에 있다.

⑦에 대해서 아버지, 아들 1, 딸 1이 모두 형질이 같은데 ⑦이 발현된
사람의 수는 2명이므로 ⑦은 우성 형질이다. ⓛ의 형질의 발현된 사람 수가
3명이기 때문에 ⓛ 또한 우성 형질이다.

이 가족 구성원의 유전자형을 쓰면 아래와 같다.

아버지 : A^*B/Y, 어머니 : AB^*/A^*B^*, 아들 1 : A^*B^*/Y

딸 1 : A^*B/A^*B^*, 딸 2 : A^*B/AB^*

ㄱ. ⑦과 ⓛ은 모두 우성 형질이다. (ㄱ. 참)

ㄴ. (가)는 A^*이다. (ㄴ. 거짓)

ㄷ. ⑦과 ⓛ이 모두 발현되지 않을 확률은 A^*B^*/Y 하나이므로 그 확률은
$\dfrac{1}{4}$이다. (ㄷ. 참)

18. 정답 ②

ㄱ. 이자에 연결된 교감 신경의 신경절 이전 뉴런의 신경 세포체는 척수의 회색질에 존재한다. (ㄱ. 거짓)

ㄴ. X는 인슐린, Y는 글루카곤이다. 세포 밖 포도당 농도가 증가함에 따라 세포 안 포도당 농도가 증가하는 A는 인슐린(X)이 있을 때이고, B는 인슐린이 없을 때이다. (ㄴ. 거짓)

ㄷ. 인슐린과 글루카곤은 혈중 포도당 농도 조절에 길항적으로 작용한다. (ㄷ. 참)

19. 정답 ①

3과 4는 모두 (가)에 대해 정상이지만 자녀 6은 (가)가 발현되었으므로 H는 정상 대립유전자, h는 (가) 발현 대립유전자이다. 3은 ㉠이 없고 (가)가 발현되지 않았기에 ㉠은 h이다. 1과 2는 모두 (나)에 대해 정상이지만 자녀 5는 (나)가 발현된 여자이므로, (나)는 상염색체에 있고, R은 정상 대립유전자, r은 (나) 발현 대립유전자이다. 3은 ㉡이 없고 (나)가 발현되었기에 ㉡은 R이다.

5는 (나)가 발현되었고, 1과 2는 모두 (나)가 발현되지 않았기에 1과 2의 (나)에 대한 유전자형은 Rr이고, 표의 1의 조건에 의해 (가)는 X 염색체에 있다.

1은 남성이고 1의 (가)에 대한 유전자형은 hY인데, ㉠과 ㉢의 DNA 상대량 더한 값이 3이므로 (다)의 유전자는 (나)와 같은 상염색체에 있다는 것을 알 수 있다. @는 (다)가 발현되었고, 7은 (다)가 발현되지 않았기에 ㉢은 t이고, (다)는 우성 형질이다.

가계도의 구성원에 대한 (가)~(다)의 유전자형은 아래와 같다.

1 - hY, Rt/rt, 2 - Hh, RT/rT, 3 - HY, rT/rt, 4 - Hh, Rt/rt
5 - hh, rt/rT, @ - hh, RT/rt, ⓑ - hY, rt/rt, 6 - hY, Rt/rt〕
7 - hh, rt/rt

ㄱ. (나)와 (다)는 같은 상염색체에 있다. (ㄱ. 참)

ㄴ. 2의 ㉡(R)과 ㉢(t)의 DNA 상대량을 더한 값은 1이다. (ㄴ. 거짓)

ㄷ. 4의 (가)와 (나)의 유전자형은 이형 접합성이지만 (다)의 유전자형은 동형 접합성이다. (ㄷ. 거짓)

20. 정답 ②

ㄱ. (나)에서 상동 염색체 사이의 거리가 증가하는 동안은 감수 1분열 후기가 진행되는 것이다.(t_1일 때 P는 후기의 세포인 조건에 의해) 시간은 t_1보다 t_2에서 진행되었기에 t_2일 때 P는 최소 후기 이후의 말기가 가능하다. (ㄱ. 거짓)

ㄴ. 구간 I에는 S기이므로 DNA 복제 중인 세포가 있다. (ㄴ. 참)

ㄷ. 그림 (가)는 체세포 분열이고 (나)는 감수 분열을 나타내는 것이기에 구간 II에는 t_2일 때 P가 있을 수 없다. (ㄷ. 거짓)

과학탐구 영역(생명과학 I)

1	②	2	③	3	④	4	④	5	①
6	③	7	①	8	③	9	④	10	①
11	⑤	12	④	13	⑤	14	④	15	②
16	④	17	③	18	③	19	①	20	③

예상 등급 컷

1등급 : 46점

2등급 : 41점

3등급 : 39점

해설

1. 정답 ②

ㄱ. '짚신벌레는 분열법으로 증식한다.'는 생식과 유전의 예에 해당한다. (ㄱ. 거짓)

ㄴ. 단백질 합성은 물질대사 중 동화 작용이다. (ㄴ. 거짓)

ㄷ. (다)는 적응과 진화의 예에 해당한다. (ㄷ. 참)

2. 정답 ③

A는 바이러스, B는 원생생물, C는 세균이다.

ㄱ. ㉠은 감염성 질병이다. (ㄱ. 참)

ㄴ. A의 병원체는 스스로 물질대사를 하지 못한다. (ㄴ. 참)

ㄷ. B는 핵을 가지지만, C는 핵이 없는 단세포 원핵생물이다. (ㄷ. 거짓)

3. 정답 ③

ㄱ. 세포 주기 중 S기에서 염색체는 관찰되지 않는다. 염색사가 관찰된다. 염색체(㉠)는 분열기에서 관찰된다. (ㄱ. 거짓)

ㄴ. ㉡은 대립유전자 H이다. (ㄴ. 거짓)

ㄷ. DNA의 기본 단위는 뉴클레오타이드이다. (ㄷ. 참)

4. 정답 ④

X : 녹말, Y : 포도당, ㉠ : 산소, ㉡ : 물

ㄱ. (ㄱ. 참)

ㄴ. 에너지(ⓐ)의 일부가 ATP에 저장된다. (ㄴ. 거짓)

ㄷ. 호흡계와 배설계는 모두 물의 제거에 관여한다. (ㄷ. 참)

5. 정답 ①

ㄱ. A는 이론적 생장 곡선, B는 실제 생장 곡선이다. (ㄱ. 참)

ㄴ. B에서의 환경 저항은 구간 Ⅱ에서가 구간 Ⅰ에서보다 크다. (ㄴ. 거짓)

ㄷ. B에서 이 개체군의 밀도는 구간 Ⅱ에서가 구간 Ⅰ에서보다 크다. 개체 수를 비교하면 된다. (ㄷ. 거짓)

6. 정답 ③

X에서 단면이 Ⅰ~Ⅲ과 같은 구간의 길이의 합은 X의 길이와 같기 때문에, ⓐ= 0.6μm, ⓑ= 1.4μm이다.

ㄱ. t_1에서 t_2로 될 때 X에서 ATP가 소모된다. (ㄱ. 참)

ㄴ. (ㄴ. 참)

ㄷ. 단면이 Ⅲ과 같은 구간에 A대는 포함되지만, I대는 포함되지 않는다. I대는 구간 Ⅰ에 해당한다. (ㄷ. 거짓)

7. 정답 ①

A. 대사성 질환의 예로 고혈압과 고지혈증이 있다. (ㄱ. 참)

B. 기초 대사량이 높으면 비만이 될 가능성은 적다. (ㄴ. 거짓)

C. 당뇨병은 혈중 포도당 농도가 정상보다 높은 경우를 말한다. (ㄷ. 거짓)

8. 정답 ③

몸의 평형 유지에 관여하는 것은 소뇌와 중간뇌이다. 자율 신경이 나오는 것은 소뇌를 제외한 나머지 척수, 중간뇌, 연수이다. 따라서 (나)는 '자율 신경이 나온다.'이고, (다)는 '몸의 평형 유지에 관여한다.'이다.

B : 중간뇌, C : 척수, D : 소뇌

ㄱ. 척수는 배변 반사의 중추이다. (ㄱ. 참)

ㄴ. 동공 반사의 중추는 중간뇌이다. (ㄴ. 거짓)

ㄷ. 연수와 중간뇌에 해당하면서 척수와 소뇌에 해당하지 않은 것으로 '뇌줄기에 속한다.' 특징이 가능하다. (ㄷ. 참)

9. 정답 ④

신경 A에서 두 곳에 −80mV이 존재하므로 자극을 준 지점으로부터 대칭인 두 지점이 존재해야 한다. 이를 통해서 A의 지점 X는 d_2인 것을 알 수 있다. 또한 자극을 주고 경과된 시간이 4ms인 것이 주어졌고 대칭인 두 지점이 d_1과 d_3이므로 ㊉는 2cm/ms이다. 그리고 A에서 d_4는 0이기 때문에 −65mV인 지점은 d_5이다. 따라서 B에서 지점 Y는 d_4라는 것을 알 수 있고, 시냅스는 ㉡에 존재해야만 한다. ⓐ는 막전위 변화 0.5ms인 지점이므로 −65mV이고, ⓑ는 막전위 변화 1ms인 지점이므로 −60mV이다.

10. 정답 ①

그래프에서 D의 항체는 나타나지 않았으므로 형질 세포가 형성되지 않는 항원이다. 또한 X~W에서 3가지 세균에 존재하는 항원은 ㉠이자 그래프에서는 A가 유일하므로 ㉠= A이다. 그리고 생쥐 Ⅱ에서 B 항체만 나타난 것으로 보아 ㉠이 존재하지 않는 세균 W를 생쥐 Ⅱ에게 주사했음을 알 수 있다. 그래프에서 3가지 이상 항체가 발생하는 생쥐가 없으므로 세균 Z에서 형질 세포가 형성되지 않는 항원이 존재해야 하는데 세균 W에서도 동시에 존재해야 하므로 ㉣= D이다. 이를 통해 ㉢=B, ㉡=C인 것도 알 수 있다. 생쥐들 중에서 ㉠을 2번 노출된 생쥐가 반드시 존재해야 하는데 그래프를 통해 ㉠이 기억 세포가 생성되지 않은 항원임을 알 수 있고, 생쥐 Ⅱ는 B이자 ㉢에 2번 노출되었으므로 Y → W이다. 생쥐 Ⅰ에서 X에 노출된 적이 없는데 W에도 노출된 적이 없어야 하므로 Z → Y이다. 생쥐 Ⅲ에는 X → Z이고 생쥐 Ⅳ에서 W → X이다.

ㄱ. A는 ㉠에 대한 항체이다. (ㄱ. 참)

ㄴ. 생쥐 Ⅲ에게 Z를 주사하였다. (ㄴ. 거짓)

ㄷ. ㉣은 D이고 항체 농도가 있지 않으므로 구간 ㉰에서 체액성 면역 반응이 일어나지 않았다. (ㄷ. 거짓)

11. 정답 ⑤

그림의 개체 Ⅰ의 세포 (가)를 보면 (가)는 대립유전자 A를 갖는 감수 2분열 중기 세포임을 알 수 있다. 따라서 (가)의 ㉠~㉣은 0 또는 2의 값만 가질 수 있고, A+a, B+b, D+d가 가질 수 있는 DNA 상대량은 각각 2, 2, 0 또는 2이다.

표 (가)의 DNA 상대량을 더한 값을 보면, ㉢+㉣=4에서 ㉢=2, ㉣=2이고, ㉡+㉣=2에서 ㉡=0이므로 ㉠=2이다.

㉠~㉣은 각각 A, a, b, d이고 B와 D를 제외한 b와 d의 DNA 상대량이

2이므로, B와 D의 DNA 상대량은 모두 0이며, 세포 (가)는 X 염색체를 가진다. 따라서 세포 (가)의 유전자형은 Abd이고, 각각의 DNA 상대량은 2이다.
그림의 개체 Ⅱ의 세포 (나)를 보면 (나)는 대립유전자 b, d를 갖는 G_1기 세포임을 알 수 있다. 따라서 (나)의 A+a, B+b, D+d가 가질 수 있는 DNA 상대량은 모두 2이고, (나)의 ㉠+㉢=4에서 ㉠=2, ㉢=2이고, ㉢+㉣=3에서 ㉣=1이다.
이때 Ⅱ의 R에 대한 유전자형이 Aabbdd이므로 ㉣은 A 또는 a인데, 세포 (가)의 조건을 통해 ㉡이 a이므로 ㉣은 A이고, ㉡의 DNA 상대량은 1이다.
ㄱ. (가)는 개체 Ⅰ의 세포이므로, 유전자형은 AaBbDd이다. (ㄱ. 참)
ㄴ. ⓐ+ⓑ=6이다. (ㄴ. 참)
ㄷ. (가)의 b의 DNA 상대량과 (나)의 d의 상대량은 각각 2로 서로 같다. (ㄷ. 참)

12. 정답 ⑤
ㄱ. ㉠은 근육에서의 열 발생량(열 생산량)이다. (ㄱ. 거짓)
ㄴ. TSH 분비량은 열 발생량(㉠)이 높은 T_1일 때가 T_2일 때보다 많다. (ㄴ. 참)
ㄷ. 단위 시간당 피부 근처 혈관을 흐르는 혈액의 양이 많다는 것은 피부 근처 혈관 확장을 의미하는 것이므로 열 발산량(㉡)이 높은 T_2일 때가 T_1일 때보다 많다.

13. 정답 ⑤
X는 항이뇨 호르몬(ADH)이다.
ㄱ. 혈액량이 많을 때는 ADH의 농도가 감소하고, 혈액량이 적을 때는 ADH 농도가 증가하므로 ㉠은 정상일 때보다 혈액량이 감소한 상태이다. (ㄱ. 거짓)
ㄴ. 오줌 삼투압은 혈장 삼투압과 비례하므로 혈장 삼투압이 더 높은 p_2가 p_1보다 더 높다. (ㄴ. 참)
ㄷ. (나)에서 t_1보다 t_2에서 오줌 생성량이 더 높다. 오줌 생성량이 더 많다는 것은 그 만큼 체내에서 있는 수분량이 배출되었다는 것을 의미하므로 t_1보다 t_2에서 더 적다. (ㄷ. 참)

14. 정답 ④
ㄱ. 텃세는 개체군 내의 상호 작용이다. (ㄱ. 참)
ㄴ. 개체군 A는 한 종의 생물로만 구성된다. (ㄴ. 참)
ㄷ. (ㄷ. 거짓)

15. 정답 ②
P : Ab/ab, ED or Ed/GD, Q : AB/ab, Fd/GD or Gd
ㄱ. (가)는 다인자 유전, (나)는 단일 인자 유전이다. (ㄱ. 거짓)
ㄴ. ㉡은 G이다. (ㄴ. 참)
ㄷ. ⓐ의 (가)와 (나)에 대한 표현형이 P와 같을 확률은 $\frac{1}{8}$이므로 다를 확률은 $\frac{7}{8}$이다. (ㄷ. 거짓)

16. 정답 ④
여자 P의 세포 Ⅱ에 ㉠~㉥ 중 4개의 유전자가 존재하므로, Ⅱ의 핵상은 $2n$이다. Ⅰ은 Ⅱ와 유전자 존재 유무가 다르므로, 핵상이 n이다. Ⅱ에 존재하지 않는 유전자인 ㉡과 ㉤은 Ⅰ에도 존재하지 않는데, 그렇게 되면 Ⅰ에는 ㉠~㉥ 중 2개의 유전자만 존재하게 된다. Ⅰ은 여자 P의 세포이므로, (가)~(다)의 유전자 중 하나는 Y 염색체에 존재한다. 그런데 핵상이 $2n$인 여자 P의 세포인 Ⅱ에 ㉠, ㉢, ㉣, ㉥은 모두 존재하는데 ㉡, ㉤은 존재하지 않으므로 ㉡과 ㉤이 Y 염색체에 존재하는 대립유전자이다.
Q의 세포인 Ⅲ에 Y 염색체 유전자인 ㉤이 있으므로, Q는 남자이다. Ⅲ에는 ㉤이 있는데 Ⅳ에는 ㉤이 없고, Ⅳ에는 ㉢이 있는데 Ⅲ에는 ㉢이 없으므로 Ⅲ과 Ⅳ의 핵상은 모두 n이다. 핵상이 n인 Ⅰ에 ㉠, ㉣이 모두 존재하고, 핵상이 n인 Ⅳ에 ㉠, ㉢이 모두 존재하므로, ㉠은 ㉥의 대립유전자이다. 자동으로 ㉢은 ㉣의 대립유전자가 된다. 그런데 남자 Q의 핵상이 n인 세포인 Ⅲ에 ㉢과 ㉣이 모두 존재하지 않으므로 ㉢과 ㉣은 성염색체에 존재하고, Ⅲ에 Y 염색체 유전자인 ㉤은 존재하므로, ㉢과 ㉣은 X 염색체에 존재하는 대립유전자이다. 또한 Ⅲ에 ㉢과 ㉣은 존재하지 않고, ㉤은 존재하는데, ㉠도 존재하므로, ㉠은 X 염색체 유전자도 아니고, Y 염색체 유전자도 아니다. 따라서 ㉠은 상염색체 유전자이다. 즉 ㉠과 ㉥은 상염색체에 존재하는 대립유전자이다.
ㄱ. Ⅲ과 Ⅳ의 핵상은 n으로 같다. (ㄱ. 거짓)
ㄴ. ㉠은 ㉥의 대립유전자이다. (ㄴ. 참)
ㄷ. ㉠과 ㉥은 상염색체, ㉡과 ㉤은 Y 염색채에, ㉢과 ㉣은 X 염색체에 존재하므로 (가)~(다)의 유전자는 모두 서로 다른 염색체에 있다. (ㄷ. 참)

17. 정답 ②
㉠의 유전 형질을 주목해본다. ㉠의 유전자가 상염색체, 성염색체 상관없이 아버지에게 h, 어머니에게 H를 물려받아 자녀 2과 4의 ㉠에 대한 유전자형은 모두 Hh이다. 하지만 자녀 2와 4의 ㉠에 대한 유전 형질의 발현 여부는 다르므로 ㉮와 ㉯는 ㉠에 대한 대립유전자이다.
㉢의 유전자가 X 염색체에 있다면 자녀 2와 4은 각각 아버지에게 T, 어머니에게 t를 물려받아 자녀 2와 4의 ㉢의 유전자형은 모두 Tt이다. 그러나 자녀 2와 4의 ㉢의 발현 여부는 서로 다르므로 모순이 생긴다. 따라서 ㉢의 유전자는 상염색체에 있고, 문제 조건에 따라 ㉠과 ㉡은 X 염색체에 있다.
㉢의 유전자는 아버지의 T의 DNA 상대량에 의해 T(정상)이 t(유전병)에 대해 완전 우성이다. ㉠의 유전자를 보면 자녀 1에서의 유전자형은 HY인데 ㉠이 발현되었다. 자녀 3은 ㉠이 발현되지 않았으므로 여자이고, h(정상)이 H(유전병)에 대해 완전 우성이다. (자녀 2와 4 둘 중 한명에게서 유전자 돌연변이가 일어났기에 자녀 3에 대한 유전자 돌연변이에 대한 가능성을 고려할 필요가 없다.)
아버지 : hR/Y, Tt 어머니 : HR/Hr, tt
자녀 1 : HR/Y, tt 자녀 2 : HR/Hr, Tt
자녀 3 : hR/Hr, ?? 자녀 4 : hR/??, tt
㉡의 유전자를 보면 r(유전병)이 R(정상)에 대해 완전 우성이다.
ㄱ. ㉠, ㉢은 열성 형질, ㉡은 우성 형질이다. (ㄱ. 거짓)
ㄴ. ㉮는 h, ㉯는 H이다. (ㄴ. 참)
ㄷ. ⓐ는 1, ⓑ는 1, ⓒ는 0이다. (ㄷ. 거짓)

18. 정답 ①
A : 음수림, B : 초원, C : 양수림, D : 관목림
ㄱ. Ⅰ에서 산불이 일어났다. (ㄱ. 참)
ㄴ. 구간 ⓐ의 개체군 밀도 변화는 C에서 일어난다. (ㄴ. 거짓)
ㄷ. 이 식물의 군집은 음수림인 A에서 일어난다. (ㄷ. 거짓)

19. 정답 ①

4와 7은 (나)의 표현형이 다르므로, (나)에 대한 유전자형도 다르다. 그런데 ⓐ의 (나)에 대한 유전자형은 4, 7과 모두 다르므로, ⓐ, 4, 7의 (나)에 대한 유전자형은 모두 다르다. 이 때 ⓐ, 4, 7은 모두 여자이므로, ⓐ, 4, 7의 (나)에 대한 유전자형은 BB, BB*, B*B* 중 하나이다. 그런데 1과 2(또는 1과 7)의 (나)의 표현형이 서로 다르므로 ⓐ는 BB일 수 없고, 6과 7의 (나)의 표현형이 다르므로 7도 BB일 수 없다. 따라서 4가 BB이고, 4에서 (나)가 발현되었으므로 (나)는 우성 형질이다. (나)가 우성 형질이므로, 7이 B*B*이고, 자동으로 ⓐ는 BB*가 된다. 또한 6과 7의 관계에 의해 (나)는 X 염색체 우성 형질이 될 수 없으므로, (나)는 상염색체 우성 형질이다.

ⓐ의 (나)에 대한 유전자형은 BB*이므로 ⓐ에서 (나)가 발현되었고, 문제 조건에 따라 (가)는 발현되지 않았다. 5가 B*B*이므로 1은 BB*인데, 2가 B*B*이므로 1은 ⓐ에게 B가 존재하는 염색체를 물려주었다. 그런데 1과 ⓐ의 (가)의 표현형은 다르므로, 1과 ⓐ는 A*B를 공유한다. 마찬가지로 ⓐ는 7에게 B*가 존재하는 염색체를 물려주었는데 ⓐ와 7의 (가)의 표현형이 다르므로, ⓐ와 7은 A*B*를 공유한다. 따라서 ⓐ는 A*B/A*B*로 정해지고, ⓐ에서 (가)가 발현되지 않았으므로 (가)는 우성 형질이다.

ㄱ. (나)는 우성 형질이다. (ㄱ. 참)

ㄴ. A와 B*를 모두 갖는 사람은 구성원 1, 3, 5, 6, 7이다. (ㄴ. 거짓)

ㄷ. ⓐ : A*B/A*B*, 6 : A*B/A*B이다. 7의 동생이 태어날 때, 이 아이에게서 (가)와 (나) 중 (나)만 발현되려면 6이 자손에게 A*B를 물려주면 된다. 따라서 구하는 확률은 $\frac{1}{2}$이다. (ㄷ. 거짓)

20. 정답 ③

A : 가설 설정, B : 탐구 설계 및 수행 단계, C : 결과 해석

ㄱ. 카로의 탐구는 연역적 탐구 방법이 아닌 귀납적 탐구 방법이다. 이 두 탐구 방법의 차이는 가설의 유무이다. 카로의 탐구는 반복적으로 관찰한 내용을 바탕으로 결론을 내렸기에 귀납적 탐구 방법이다. 그림은 연역적 탐구 방법이다. (ㄱ. 거짓)

ㄴ. ㉠은 탐구 결과가 가설과 일치하지 않을 때의 경로이다. (ㄴ. 거짓)

ㄷ. 대조 실험과 변인 통제가 이루어지는 단계는 B(탐구 설계 및 수행 단계)이다. (ㄷ. 참)

과학탐구 영역(생명과학 I)

정답

1	④	2	⑤	3	①	4	②	5	③
6	④	7	①	8	①	9	②	10	①
11	④	12	③	13	⑤	14	⑤	15	③
16	⑤	17	①	18	④	19	③	20	⑤

예상 등급 컷

1등급 : 44점

2등급 : 42점

3등급 : 38점

해설

1. 정답 ④

ㄱ. (ㄱ. 참)

ㄴ. 식물이 빛을 향해 굽어 자란다.'는 자극에 대한 반응에 해당한다. (ㄴ. 거짓)

ㄷ. (ㄷ. 참)

2. 정답 ⑤

(가)는 이화 작용, (나)는 동화 작용이다.

ㄱ. (가)에서 인산 결합이 끊어진다. (ㄱ. 참)

ㄴ. (ㄴ. 참)

ㄷ. 물질대사 과정에서 효소는 항상 이용된다. (ㄷ. 참)

3. 정답 ①

동공이 확장되었으므로 그림의 동공은 교감 신경에 연결되어 있다. ⓒ과 ⓔ의 신경 전달 물질이 다르므로 그림의 방광은 부교감 신경에 연결되어 있다. 방광은 부교감 신경, 교감 신경 둘 다 척수가 중추이다. 반면 동공에서는 교감 신경은 척수가, 부교감 신경은 중간뇌가 중추이다.

ㄱ. 부교감 신경에 연결된 방광의 반응은 방광의 수축력이 증가한다. (ㄱ. 거짓)

ㄴ. 척수의 속질은 신경 세포체로 이루어진 회색질이다. (ㄴ. 참)

ㄷ. ⓐ의 축삭의 길이가 ⓑ의 축삭의 길이보다 길고, ⓔ의 축삭의 길이가 ⓒ의 축삭의 길이보다 길다. 따라서 1보다 크다. (ㄷ. 거짓)

4. 정답 ②

A는 초원, B는 양수림, C는 음수림이다.

ㄱ. 이 과정은 습성 천이이다. (ㄱ. 거짓)

ㄴ. 2차 천이는 기존의 식물이 있었던 곳에 산불, 산사태, 벌목 등이 일어나 군집이 파괴된 후, 기존에 남아 있던 토양에 시작하는 천이이다. (ㄴ. 거짓)

ㄷ. 지표면에 도달하는 빛의 양은 B에서가 C에서보다 많다. B에서 C로 갈수록 군집이 안정된 상태로 가는 과정이다. (ㄷ. 참)

5. 정답 ③

ㄱ. 구간 I은 S기로 DNA 복제가 일어난다. (ㄱ. 참)

ㄴ. 체세포 분열에서는 2가 염색체가 존재하지 않는다. (ㄴ. 거짓)

ㄷ. (나)의 그래프는 (가)의 그래프와 달리 세포당 DNA 상대량이 2일 때 세포 수가 몰려 있다. 이는 방추사 형성 억제하는 물질을 처리하면 (나)의 그래프가 나타날 수 있다. 방추사 형성하는 물질은 G_2기에 형성된다. (ㄷ. 참)

6. 정답 ④

A는 소화계, B는 호흡계, C는 배설계이다.

ㄱ. 대장은 소화계이다. (ㄱ. 거짓)

ㄴ. (ㄴ. 참)

ㄷ. 연수는 소화와 호흡의 운동 조절의 중추이다. (ㄷ. 참)

7. 정답 ①

㉠은 시상 하부에 설정된 온도, ㉡은 체온, A는 티록신, B는 에피네프린이다.

ㄱ. (ㄱ. 참)

ㄴ. 티록신의 분비는 음성 피드백에 의해 조절된다. (ㄴ. 거짓)

ㄷ. 시상 하부의 설정점 온도를 높이면 체온을 높이기 위하여 에피네프린(B)의 분비가 촉진된다. 따라서 구간 I에서가 구간 II에서보다 많다. (ㄷ. 거짓)

8. 정답 ①

ㄱ. 출생 직후 받는 환경 저항은 생존 개체수를 보면 알 수 있다. I형 생존 곡선을 따르는 종인 P는 개체 수가 생존을 많이 하지만 III형 생존 곡선을 따르는 종인 R은 개체 수가 생존을 많이 하지 않는다. 따라서 R에서보다 P에서가 출생 직후 받는 환경 저항이 더 작다. (ㄱ. 참)

ㄴ. 어류는 III형 생존 곡선에 해당한다. (ㄴ. 거짓)

ㄷ. 각 생존 곡선을 따르는 종은 동일한 개체군이 아니다. 서로 다른 종이다. (ㄷ. 거짓)

9. 정답 ②

(가)와 (나)의 핵상은 n이고, (다)와 (라)의 핵상은 $2n$이다. ㉠이 A, ㉡이 a라면, (다)(2n)는 유전자형으로 aa를 갖고, (다)로부터 생성된 생식세포(n)는 a를 가져야 하지만, (가)와 (나)는 a를 갖지 않으므로 모순이 생긴다. 따라서 ㉠은 a, ㉡은 A이다. 유전자형으로 AA를 갖는 암컷 I로부터 a를 갖는 (나)가 생성될 수 없으므로 (나)는 수컷 II의 세포이다. 따라서 (나)와 (다)는 수컷 II의 세포이고, (가)와 (라)는 암컷 I의 세포이다.

ㄱ. ㉠은 a, ㉡은 A이다. (ㄱ. 거짓)

ㄴ. (가)는 암컷 I의 세포이다. (ㄴ. 참)

ㄷ. II의 감수 2분열 중기 세포 1개당 염색 분체 수는 8이다. (ㄷ. 거짓)

10. 정답 ①

$X_1 - ㉠_1 = 6k$ (k는 상수)라고 가정해본다.

$X_3 - ㉠_3 = 4k$이므로 t_3일 때 I대의 길이는 4k, 3번째 조건에 의해 t_3일 때, H대의 길이는 2k이다. $X_2 - ㉡_2 = 12k$이고, t_2일 때 H대의 길이는 3k이다.($\because X_2 - ㉠_2 = 5k$, $X_3 - ㉠_3 = 4k$의 조건에서 X_2의 길이와 X_3의 길이가 k만큼 차이가 나는 것을 알 수 있다.)

$(X_2 - ㉡_2 = 12k) + 3k = 15k = 3\mu m$, $k = 0.2\mu m$

t_1일 때 X의 길이는 $3 + k = 3.2\mu m$, ㉡의 길이는 $4k = 0.8\mu m$이다.

11. 정답 ④

A는 결핵, B는 말라리아, C는 알비노증이다.

ㄱ. 결핵의 병원체는 세균으로 핵막이 존재하지 않는다. (ㄱ. 거짓)

ㄴ. 말라리아와 수면병의 병원체는 원생생물이다. (ㄴ. 참)

ㄷ. 알비노증은 유전자 돌연변이의 예이다. (ㄷ. 참)

12. 정답 ③

정상 상태일 때보다 @가 전체 혈액량이 증가할수록 혈중 ADH 농도가 더 가파르게 내려가는 것으로 보아 @는 혈장 삼투압이 정상보다 증가한 상태이다.

ㄱ. ADH는 뇌하수체 후엽에서 분비된다. (ㄱ. 참)

ㄴ. (ㄴ. 참)

ㄷ. p_1일 때가 p_2일 때보다 혈중 ADH 농도가 더 높다. 따라서 콩팥에서 단위 시간당 수분 재흡수량은 p_1일 때가 p_2일 때보다 더 높다. (ㄷ. 거짓)

13. 정답 ⑤

Ⅰ의 세포 중 ㉠~㉣이 모두 없는 세포는 없으므로 (다)에는 ㉡이 있다. ㉠~㉣이 모두 상염색체에 존재하면 Ⅰ의 세포에는 ㉠~㉣ 중 최소한 2개가 있어야 한다. 하지만 (다)에는 ㉡만 있으므로 ㉡은 상염색체에 존재하고, ㉠, ㉢, ㉣ 중 2개는 X 염색체에 존재하며, 나머지 한 개는 ㉡과 대립유전자로 상염색체에 존재한다. (다)에는 X 염색체에 없고 Y 염색체가 있으므로 Ⅰ은 남자이고, Ⅱ는 여자이다. (나)에는 X 염색체 1개 있으므로 ㉢, ㉣이 모두 있을 수는 없다. 따라서 (나)에는 ㉢이 없으며, ㉢은 X 염색체에 존재하는 유전자이다.

ㄱ. (바)에는 ㉠, ㉢, ㉣이 모두 있으므로 (바)는 핵상이 $2n$인 세포이다. Ⅱ의 세포 중 핵상이 n인 세포에는 ㉠, ㉢, ㉣ 중 서로 대립유전자가 아닌 두 개의 유전자가 있다. 따라서 (라)와 (마)는 모두 핵상이 n인 세포이며, (라)에는 ㉡이 있고, (마)에는 ㉢이 없다. (라)에는 ㉠, ㉡이 있으므로 ㉠은 ㉡과 대립유전자가 아니며, (마)는 ㉠, ㉣이 있으므로 ㉠은 ㉣과 대립유전자가 아니다. 따라서 ㉠은 ㉢과 대립유전자이며, ㉡은 ㉣과 대립유전자이다. ㉠과 ㉢은 X 염색체에 존재하고, ㉡과 ㉣은 상염색체에 존재한다. (ㄱ. 참)

ㄴ. Y 염색체가 들어 있는 세포는 (나)와 (다)이고, (가)는 X 염색체 혹은 Y 염색체 둘 중 하나만 있을 수 있으므로 최소 2개 이상이다. (ㄴ. 거짓)

ㄷ. Ⅰ의 유전자형은 ㉡㉣/㉠Y, Ⅱ의 유전자형은 ㉡㉣/㉠㉢이다. @에 대한 표현형이 모두 우성이면서 여자일 확률은 $\dfrac{3}{4} \times \dfrac{1}{2} = \dfrac{3}{8}$이다. (ㄷ. 참)

14. 정답 ③

DNA 상대량이 1인 유전자를 갖고 있는 ㉢은 DNA가 복제되지 않은 세포인 Ⅱ 또는 Ⅲ이다. 그런데 @와 ⓑ가 수정되어 여자인 R가 태어났으므로, @는 X 염색체를 가져야 하고, Ⅱ는 Y 염색체를 가져야 한다. 따라서 X 염색체 유전자인 a를 갖는 ㉢은 Ⅲ이다. 또한 ㉡과 ㉣에는 모두 DNA 상대량이 2인 유전자가 있는데, Ⅱ는 DNA 상대량이 2인 유전자를 가질 수 없으므로, ㉠은 Ⅱ이다.

㉢(Ⅲ)에서 B의 DNA 상대량은 1이므로 Q의 (나)에 대한 유전자형은 이형 접합성이다. 또한 Ⅰ은 ㉡ 또는 ㉣인데, ㉡에서 D의 DNA 상대량은 2이고, ㉣에서 E의 DNA 상대량은 2이므로 P의 (나)에 대한 유전자형도 이형 접합성이다. P, Q, R 각각의 (나)의 표현형은 모두 다르므로, R의 (나)에 대한 유전자형은 B, D, E 중 가장 열성인 유전자로 동형 접합성이어야 한다. 그런데 ㉢(Ⅲ)은 B를 갖는데 ㉡은 D의 DNA 상대량이 2이고 ㉣은 E의 DNA 상대량이 2이므로, ㉡과 ㉣ 중 누가 Ⅳ인지와 상관 없이 ⓑ는 B를 가져야 한다. 따라서 B, D, E 중 B가 가장 열성인 유전자이고, @도 B를 갖는다. 이때 P의 (나)에 대한 유전자형은 이형 접합성이므로 Ⅱ(㉠)는 B를 가지면 안 되는데, Ⅱ(㉠)에서 E의 DNA 상대량은 0이므로, Ⅱ(㉠)는 D를 갖는다. 따라서

P의 (나)에 대한 유전자형은 BD이다. 따라서 Ⅰ은 ㉣이고, 남은 Ⅳ는 ㉡이다.

ㄱ. E는 B에 대해 완전 우성이다. (ㄱ. 참)

ㄴ. ㉡은 Ⅳ이다. (ㄴ. 거짓)

ㄷ. Ⅱ(㉠)이 a를 갖지 않으므로 P의 (가)에 대한 유전자형은 AY이고, Ⅲ(㉢)에서 a의 DNA 상대량이 1이므로 Q의 (가)에 대한 유전자형은 Aa이다. 또한 @는 A가 있는 X 염색체를 가지고, Ⅳ(㉡)에서 a의 DNA 상대량이 2이므로 ⓑ는 A이다. 즉 R의 (가)에 대한 유전자형은 AA이다. 따라서 P, Q, R 각각의 (가)의 표현형은 모두 같다. (ㄷ. 참)

15. 정답 ③

신경 B의 막전위 크기가 -80mV인 곳이 두 개가 있기 때문에 자극을 준 지점은 d_2 또는 d_3임을 알 수 있다. B의 흥분 전도 속도는 2cm/ms, 3cm/ms 중 하나이고, B의 막전위 그래프는 (가)와 (나) 중 하나이다. (가)와 (나)의 막전위가 -80mV일 때 시간은 3ms, 2ms이므로 B의 흥분 전도 속도는 2cm/ms, B의 막전위 그래프는 (나)임을 알 수 있다. B일 때, d_1의 막전위는 -70mV이므로 Ⅱ는 d_1이 될 수 없다. 종합해서 정리하면 아래와 같다.

A : 3cm/ms, 막전위 그래프 (가) / B : 2cm/ms, 막전위 그래프 (나)

Ⅴ : d_1, Ⅰ/Ⅲ : d_2, Ⅳ : d_3, Ⅰ/Ⅲ : d_4, Ⅱ : d_5

@ : -10, ⓑ : $+30$, ⓒ : -60

ㄱ. Ⅱ는 d_5이다. (ㄱ. 참)

ㄴ. @ : -10, ⓑ : $+30$, ⓒ : -60이다. (ㄴ. 참)

ㄷ. $\dfrac{6\text{cm}}{2\text{cm/ms}} + x = 4\text{ms}$, $x = 1$이므로 4ms일 때 B의 d_1의 막전위는 -50mV이다. (ㄷ. 거짓)

16. 정답 ⑤

ㄱ. 연역적 탐구 방법이 사용되었다. (ㄱ. 참)

ㄴ. 페니실린은 세균 X의 증식을 억제하기 때문에 A는 Ⅰ, B는 Ⅱ이다. (ㄴ. 참)

ㄷ. 페니실린의 첨가 여부는 조작 변인이다. (ㄷ. 참)

17. 정답 ⑤

Ⅱ에는 B와 b가 모두 있으므로, Ⅱ는 핵상이 $2n$인 세포이다. Ⅴ에는 B와 b가 모두 없으므로 B와 b는 X 염색체에 있으며, Ⅴ는 남자의 세포이다. 따라서 B와 b를 모두 갖는 Ⅱ는 여자의 세포이다. 문제의 조건에 따라 A와 a, D와 d는 모두 상염색체에 있게 된다.

핵상이 $2n$인 여자의 세포인 Ⅱ와 비교하면, A와 d의 DNA 상대량이 1이고, X 염색체 대립유전자인 b의 DNA 상대량이 2인 Ⅳ는 핵상이 $2n$인 여자의 세포가 아니므로, 중복이 일어난 세포인 @이다. Ⅱ에서 a의 DNA 상대량이 0인데 Ⅰ에서 a의 DNA 상대량이 2이고, Ⅱ에서 d의 DNA 상대량이 2인데 Ⅲ에서 d의 DNA 상대량이 0이므로 Ⅰ과 Ⅲ은 각각 Ⅱ와 같은 개체의 세포가 아니다. 즉, Ⅰ과 Ⅲ은 모두 남자의 세포인데, Ⅴ도 남자의 세포이므로 문제의 조건에 따라 Ⅰ, Ⅲ, Ⅴ가 남자 P의 세포이다. 자동으로 Ⅱ, Ⅳ는 여자 Q의 세포가 된다.

ㄱ. ㉡의 유전자는 X 염색체에 있다. (ㄱ. 참)

ㄴ. @(Ⅳ)는 Q의 세포이다. (ㄴ. 참)

ㄷ. ㉠, ㉢의 유전자가 상염색체에 있고, ㉡의 유전자가 X 염색체에 있다는 것을 고려하면, Ⅰ은 a, B, d를 갖고, Ⅲ은 A, D를 갖는다. Ⅰ과 Ⅲ은 모두 남자의 P의 세포이고 ㉠~㉢의 유전자는 독립 유전이므로, P에게서 A, B, D를 모두 갖는 생식세포가 형성될 수 있다. (ㄷ. 참)

18. 정답 ④

ㄱ. (라)에서 생쥐 Ⅲ은 혈청 ⓐ를 주사했을 때 생존하지 못한다. 즉, 혈청 ⓐ는 X에 대한 항원에 대한 항체가 아니다. 따라서 Ⅱ에게 주사한 ㉠에 대한 기억 세포와 형질 세포는 형성될 수 없다. 한편, Ⅰ에게 주사한 혈청 ⓒ는 효과가 있었으므로, Ⅳ에게 주사한 것은 ㉡이다. (ㄱ. 거짓)

ㄴ. (다)에서는 생쥐 Ⅲ에서 체액성 면역이 일어났다. (ㄴ. 참)

ㄷ. 2차 면역 반응이 일어난다. (ㄷ. 참)

19. 정답 ③

남자는 대문자의 개수가 4개를 가질 수 없다. 1, 3은 ⓒ, 5는 ⓓ, 6은 ⓐ, 8은 ⓑ이므로 ⓔ는 4이다.

㉣과 ㉤은 남자이므로 ㉣의 표현형은 (2)이고, ㉤의 표현형은 (1)이다. 7은 여자이므로 표현형이 (3)이다. 즉, ⓓ는 (3)이고, ⓑ와 ⓒ는 (1), (2) 중 하나이다. 자동으로 ⓐ는 (0)이다.

5 : AABY, 6 : aabY이고, 이 두 구성원에 의해 2 : AaBb이다. 따라서 ⓒ는 (2), ⓑ는 (1)이고 ㉠은 1, ㉡은 2, ㉢은 6이다. ㉠이 1이므로 1의 (가)에 대한 유전자형은 AaBY이다. 3은 b를 가지기 때문에 구성원 (가)에 대한 유전자형을 정리해보면 3 : AAbY, 7 : AABb, 8 : AabY이다.

ㄱ. 1(㉠)의 (가)에 대한 유전자형은 AaBY이다. (ㄱ. 참)

ㄴ. ⓐ=0, ⓑ=1, ⓒ=2, ⓓ=3, ⓔ=4이다. (ㄴ. 참)

ㄷ. 6의 (가)에 대한 유전자형은 aabY, 7의 (가)에 대한 유전자형은 AABb이므로 이 아이의 표현형이 ⓑ(1)일 확률은 $\frac{1}{2}$이다. (ㄷ. 거짓)

20. 정답 ⑤

(가)는 질소 순환 과정, (나)는 탄소 순환 과정이다.

ㄱ. 질소는 아조터박터에 의해 NH_4^+로 전환된다. (ㄱ. 참)

ㄴ. ㉠은 탈진산화 작용이다. (ㄴ. 거짓)

ㄷ. 생산자(식물, 조류 등)의 광합성을 통해 대기 중의 CO_2는 유기물로 합성된다. (ㄷ. 참)

과학탐구 영역(생명과학 I)

정답

1	③	2	①	3	②	4	④	5	④
6	⑤	7	④	8	②	9	②	10	③
11	①	12	②	13	⑤	14	①	15	④
16	⑤	17	⑤	18	①	19	④	20	③

예상 등급 컷

1등급 : 42점

2등급 : 39점

3등급 : 36점

해설

1. 정답 ③

(가)는 항상성, (나)는 적응과 진화이다.

ㄱ. ADH 분비가 촉진되면, 콩팥에서 물의 재흡수량이 증가해 오줌량이 감소하고, 오줌 삼투압이 증가한다. (ㄱ. 참)

ㄴ. (ㄴ. 거짓)

ㄷ. '밝은 곳에는 동공이 작아지고, 어두운 곳에는 동공이 커진다.'의 예는 자극에 대한 반응의 예에 해당한다. (ㄷ. 참)

2. 정답 ①

A : 탄수화물, B : 단백질, ㉠ : 이산화탄소, ㉡ : 암모니아, ㉢ : 물

ㄱ. 이산화탄소는 순환계를 통해 폐로 운반된다. (ㄱ. 참)

ㄴ. (ㄴ. 거짓)

ㄷ. 간에서 암모니아(㉡)가 요소로 전환된다. (ㄷ. 거짓)

3. 정답 ②

(가)는 세포성 면역, (나)는 체액성 면역이다.

ㄱ. (ㄱ. 거짓)

ㄴ. T 림프구는 골수에서 생성된다. (ㄴ. 참)

ㄷ. 병원체 X에 처음 감염되었을 때 나타나는 방어 작용이므로 ㉡은 기억 세포가 분화하여 생성된 것일 수가 없다. 기억 세포가 형질 세포로 분화되는 경우는 2차 면역 반응에 해당한다. (ㄷ. 거짓)

4. 정답 ④

㉠ : A, ㉡ : C, ㉢ : B

ㄱ. (ㄱ. 거짓)

ㄴ. t_1일 때 A와 C의 에너지 소비량은 같다는 조건에 의해 에너지 섭취량은 ㉠이 ㉡보다 적다. (ㄴ. 참)

ㄷ. 체중이 변화 없다는 것은 에너지 소비량과 에너지 섭취량이 균형을 이루고 있음을 알 수 있다. 그림을 보고도 확인이 된다. (ㄷ. 참)

5. 정답 ④

ㄱ. 말라리아의 병원체는 원생생물이다. (ㄱ. 참)

ㄴ. 홍역과 독감은 바이러스의 예이다. 바이러스 세포로 이루어져 있지 않다. (ㄴ. 거짓)

ㄷ. 탄저병은 세균의 예이다. (ㄷ. 참)

6. 정답 ⑤

A : 중간뇌, B : 연수, C : 척수, D : 소뇌, E : 대뇌

㉠ : B, ㉡ : C, ㉢ : E

ㄱ. 대뇌와 D(소뇌)은 모두 좌우 2개의 반구로 나누어져 있다. (ㄱ. 참)

ㄴ. 연수는 뇌줄기에 속한다. (ㄴ. 참)

ㄷ. ㉡(척수)은 배뇨 반사의 중추이다. (ㄷ. 참)

7. 정답 ④

A : ㉢(S기), B : ㉠(M기), C : ㉡(G₁기)

ㄱ. (ㄱ. 거짓)

ㄴ. 염색체 혹은 염색 분체 둘 다 히스톤 단백질은 항상 존재한다. (ㄴ. 참)

ㄷ. A는 S기로 DNA의 양이 2배가 된다. (ㄷ. 참)

8. 정답 ②

A. 버섯은 분해자에 해당한다. (A. 거짓)

B. 분해자는 생물의 사체에 포함된 유기물을 무기물로 분해한다. (B. 참)

C. 영양염류는 비생물적 요인에 해당한다. (C. 거짓)

9. 정답 ②

6번째 조건 '(가)와 (다)의 유전자형이 ~ 최대 18가지이다.'를 보면 표현형이 18가지가 나올 수 있으려면 (가)~(다)가 모두 서로 다른 3개의 상염색체에 있으므로 3×3×2의 구조이어야 한다. (나)는 유전자형이 다르면 표현형이 다르므로 표현형은 3가지이다. (가)는 우열 관계가 분명하고 또한 표현형이 3가지가 나올 수 없으므로 A*가 A에 대해 완전 우성이다. 그리고 아버지와 어머니의 (나)에 대한 유전자형은 모두 BB*이다.

7번째 조건에서 이 아이가 @와 (가), (나)의 표현형이 같을 확률은 각각 $\frac{1}{2}$, $\frac{3}{4}$이다. 그리고 ⓑ와 (가), (나)의 표현형이 같을 확률은 $\frac{1}{4}$, $\frac{1}{2}$이다. @와 같을 확률과 ⓑ와 같을 확률이 서로 같으므로 이 아이가 @와 (다)의 표현형이 같을 확률은 $\frac{1}{4}$, 이 아이가 ⓑ와 (다)의 표현형이 같을 확률은 $\frac{3}{4}$이다. 이 조건을 만족하는 (다)의 우열 관계는 D > F > E = G이다.

- 유전자형이 AA*BB*DG인 아버지

- 유전자형이 A*A*BB*EG인 어머니

$$1 \times \frac{2}{4} \times \frac{1}{4} = \frac{1}{8}$$

10. 정답 ③

ㄱ. 만약 혈당량을 낮으면 혈당량을 높이고자 글루카곤이 분비되어 혈당량을 높임과 동시에 인슐린의 분비량은 줄어드는 길항작용이 일어남으로써 혈당량이 조절된다. 인슐린과 글루카곤은 길항작용 관계이지만 전체적인 혈당량 조절에서는 음성 피드백이 일어남을 알 수 있다. 음성 피드백이란 어느 과정의 산물이 그 과정을 억제하는 조절을 말한다. (ㄱ. 참)

ㄴ. ㉠의 분비 속도와 혈당량이 반비례하므로 ㉠은 글루카곤이다. (ㄴ. 참)

ㄷ. 글루카곤은 간에 작용하여 글리코젠이 포도당으로 전환되는 작용을 촉진한다. 따라서 글루카곤의 분비 속도가 빠른 C_1일 때가 C_2일 때보다 글리코젠 분해 속도가 빠르다. (ㄷ. 거짓)

11. 정답 ①

(가)와 (다)는 암컷(B), (나)는 수컷(A)이다.

ㄱ. (ㄱ. 참)

ㄴ. A는 수컷이다. (ㄴ. 거짓)

ㄷ. B의 핵상은 $2n=8$이다. 감수 1분열 중기 세포 1개당 2가 염색체 수는 4개다. (ㄷ. 거짓)

12. 정답 ③

ㄱ. 탐구는 (나)→(가)→(다)의 순서로 이루어져 있다. (가)는 탐구 설계 및 수행, (나)는 가설 설정, (다)는 결과 분석이다. (ㄱ. 참)

ㄴ. ㉠은 검증하려는 요인을 조작하지 않는 집단으로 대조군, ㉡은 검증하려는 요인을 조작하는 집단으로 실험군이다. (ㄴ. 참)

ㄷ. 독립변인은 실험 결과에 영향을 미치는 요인으로 조작 변인과 통제 변인에 해당한다. 구더기의 발생 여부는 조작 변인의 영향을 받아 변하는 요인으로 종속 변인에 해당한다. (ㄷ. 거짓)

13. 정답 ⑤

X의 길이가 2α만큼 수축하면, I은 α만큼 수축, II는 α만큼 수축, III은 α만큼 증가한다. ㉡+㉢의 길이가 일정한 것으로 보아 다음과 같이 가정이 된다.

1) ㉠=II, ㉡=I, ㉢=III, 2) ㉠=II, ㉡=III, ㉢=I
3) ㉠=I, ㉡=II, ㉢=III, 4) ㉠=I, ㉡=III, ㉢=II

1), 2) 이라면
→ I+III : 액틴 필라멘트 절반의 길이 : $1.8\mu m$
→ 액틴 필라멘트의 길이 : $3.6\mu m$ → t_3일 때 X의 길이 $3.2\mu m$
액틴 필라멘트의 길이가 X의 길이보다 클 수 없으므로 모순
3) 이라면
→ I−II : 항상 일정 → t_2일 때와 t_3일 때 (㉠−㉡)의 길이가 일정하지 않으므로 모순
따라서 ㉠=I, ㉡=III, ㉢=II이다.

ㄱ. (ㄱ. 참)

ㄴ. X의 길이가 2α만큼 증가한다면 (㉠−㉡)의 길이는 2α만큼 증가한다. t_2일 때가 t_3일 때보다 (㉠−㉡)의 길이가 $0.4\mu m$ 크므로 t_2일 때의 X의 길이는 $0.2\mu m$ 짧아진다. (ㄴ. 참)

ㄷ. t_3일 때 ㉢의 길이는 $1.2\mu m$, ㉠의 길이는 $0.7\mu m$이다. (ㄷ. 참)

14. 정답 ①

총 시간 = 전도 시간 + 막전위 변화 시간

신경 C와 흥분 전도 속도가 같은 A와 B 중 하나의 신경이 d_3에서 같은 막전위 값을 가진다. IV에서 ㉡과 ㉢이 $+30$이다. 즉, 둘 중 하나는 신경 C이며 전도 속도는 $2cm/ms$이고, IV$=d_3$이다. 흥분 전도 속도가 $2cm/ms$인 ㉡의 III에서 측정한 막전위는 $-80mV$이므로 ㉡에는 자극을 준 지점으로부터 거리가 $2cm$인 지점이 있어야 하며 그것은 C이다. 그리고 III은 d_4이다.

㉠과 ㉢은 각각 A와 B 중 하나이다.
→ I 에서의 막전위 비교 : ㉠은 $-80mV$, ㉢은 $-40mV$
㉠이 흥분의 전도 속도가 더 빠른 B이고 ㉢이 A이다.
A의 $d_1 \sim d_4$에서 경과된 시간이 $4ms$일 때 측정한 막전위가 $-70mV$일 수 있는 지점은 d_1이므로 II$=d_1$, I$=d_2$이다.
B의 d_2에서 경과된 시간이 $4ms$일 때 측정한 막전위가 $-80mV$이다.
→ B의 흥분 전도 속도는 $3cm/ms$이다.

ㄱ. (ㄱ. 참)

ㄴ. $\dfrac{6cm}{3cm/ms}+2ms=4ms$이므로 막전위 그래프에서 시간이 $2ms$일 때

막전위는 $+30mV$이다. (ㄴ. 거짓)

ㄷ. $\dfrac{\text{B의 I 에서의 막전위}}{\text{A의 II 에서의 막전위}}=\dfrac{+30}{-40}>-1$ (ㄷ. 거짓)

15. 정답 ④

특정 종의 개체군 밀도는 '특정 종의 개체 수 / 방형구의 면적'이다.
A 에서의 개체군 밀도(상댓값)

민들레 : $\dfrac{10}{4}=2.5$, 질경이 : $\dfrac{8}{4}=2$, 토끼풀 : $\dfrac{6}{4}=1.5$

B에서의 개체군 밀도(상댓값)

민들레 : $\dfrac{4}{1}=4$, 질경이 : $\dfrac{6}{1}=6$, 토끼풀 : $\dfrac{8}{1}=8$

특정 종의 상대 밀도(%)는 (특정 종의 밀도 / 조사한 모든 종의 밀도의 합)을 100을 곱한 값이다.
A 에서의 개체군 상대 밀도

민들레 : $\dfrac{2.5}{2.5+2+1.5}=\dfrac{5}{12}$, 질경이 : $\dfrac{2}{2.5+2+1.5}=\dfrac{1}{3}\left(\dfrac{4}{12}\right)$,

토끼풀 : $\dfrac{1.5}{2.5+2+1.5}=\dfrac{1}{4}\left(\dfrac{3}{12}\right)$

B에서의 개체군 상대 밀도

민들레 : $\dfrac{4}{4+6+8}=\dfrac{2}{9}$, 질경이 : $\dfrac{6}{4+6+8}=\dfrac{1}{3}\left(\dfrac{3}{9}\right)$,

토끼풀 : $\dfrac{8}{4+6+8}=\dfrac{4}{9}$

표에 조건을 만족하기 위해서는 ㉠ : 토끼풀, ㉡ : 질경이, ㉢ : 민들레이다.

ㄱ. A에서 민들레의 개체군의 밀도는 2.5이고 B에서는 4이다. (ㄱ. 참)

ㄴ. 개체군의 빈도는 '특정 종이 나타난 칸 수 / 방형구 전체 칸 수'이다.

A 에서 ㉠(토끼풀)의 개체군의 빈도(상댓값)은 $\dfrac{5}{25}=0.2$이다. B에서

㉠(토끼풀)의 개체군의 빈도는 $\dfrac{4}{16}=0.25$이다. 따라서 토끼풀의

개체군의 빈도는 A에서가 B에서보다 더 작다. (ㄴ. 참)

ㄷ. 식물의 종 수는 A와 B가 서로 같다. (ㄷ. 거짓)

16. 정답 ⑤

ⓐ는 ⓒ의 대립유전자, ⓑ는 ⓕ외 대립유전자, ⓓ는 ⓔ이 대립유전자이다. ⓓ와 ⓔ는 II의 (바)에서 모두 없음을 통해 성염색체에 있다는 것을 알 수 있다. I 의 세포는 유전자형이 EEFfGg이거나 eeFfGg이고 II의 세포는 유전자형이 EeFfGY이거나 EeFfgY이다. 이때, I 과 II의 ㉠에 대한 표현형이 같으므로 대문자의 수를 비교해보면 I 의 유전자형은 eeFfGg, II의 유전자형은 EeFfgY이다.

ㄱ. ⓑ는 ⓕ의 대립유전자이다. (ㄱ. 참)

ㄴ. E와 e, F와 f가 같은 염색체 있다고 가정하면 II의 (라)와 (바)에서는 모두 대립유전자 f만 가지고 있지만 (라)는 ⓕ를 (바)는 ⓑ를 가지고 있으므로 ef/Ef가 되어야 한다. 그런데 II의 유전자형은 EeFf이므로 모순이 된다. (ㄴ. 거짓)

ㄷ. $1-\left(\dfrac{2}{16}+\dfrac{2}{16}+\dfrac{1}{16}+\dfrac{1}{16}\right)=\dfrac{5}{8}$ (ㄷ. 참)

17. 정답 ⑤

3과 4에서 모두 (나)가 발현되었고, 6에서 (나)가 발현되지 않았는데, 6이 태어날 때 일어난 돌연변이는 결실과 중복이므로, (나)는 우성 형질이다. 만약 3과 4의 (나)에 대한 표현형이 열성이라면, 결실이나 중복이 일어나더라도 (나)에 대한 표현형이 우성인 자손이 나올 수 없기 때문이다. 또한 4에서 (나)가 발현되었는데, 2에서 (나)가 발현되지 않았으므로, (나)는 상염색체 우성 형질이다. 자동으로 (가)의 유전자는 X 염색체에 존재하게 된다.

ⓐ와 ⓑ에게는 모두 (가)가 발현되지 않은 딸이 있으므로, ⓐ와 ⓑ 중 누구에게서 (가)가 발현되었든, (가)는 X 염색체 우성 형질이 아니다. 따라서 (가)는 X 염색체 열성 형질이다.

(가)는 열성 형질이므로 ⓑ에서 (가)는 발현될 수 없다. 따라서 ⓐ에서 (가)가 발현되었고, ⓑ에서 (가)가 발현되지 않았다. 한편 (나)는 우성 형질이므로 ⓑ에서 (나)는 발현되어야 한다. 따라서 ⓐ에서 (나)가 발현되지 않았고, ⓑ에서 (나)가 발현되었다.

ⓐ가 H^*Y, R^*R^*이므로 3은 HH^*, RR^*이고, 2가 R^*R^*이므로 4는 H^*Y, RR^*이다. 그리고 6은 H를 적어도 하나를 갖고, R은 갖지 않는다. ⓑ는 HY이고, 2가 H^*H^*이므로 5는 HH^*이다. 따라서 ⓐ, 5, 6 각각의 체세포 1개당 H의 DNA 상대량을 더한 값은 최소 2이다. 한편 5가 R^*R^*이므로 ⓑ는 RR^*이고, 1은 RR 또는 RR^*이다. 따라서 문제 조건의 분수 값이 $\frac{1}{2}$이 되려면, 분모는 4이고, 분자는 2여야 한다.($\because$ 6은 H을 1개 이상 필요해서 분자는 1이 될 수 없다.) 6은 중복 또는 결실이 1회 일어난 9번 염색체를 무조건 가져야 하고 6은 R^*R^*일 수 없어서, 1은 RR이고, 6은 중복이 일어난 R^*R^*이다. 9번 염색체에서 중복이 일어났으므로 X 염색체에서는 결실이 일어나야 하는데, 3과 4 중 3만 H를 가지고, 6은 H를 가져야 하므로 결실은 4의 X 염색체에서 일어났다. 따라서 중복은 3의 9번 염색체에서 일어났다. 즉 ⓧ는 R^*, ㉮는 중복이고, ⓨ는 H^*, ㉯는 결실이다.

ㄱ. ⓐ에서 (가)가 발현되었다. (ㄱ. 참)

ㄴ. ㉮는 중복, ㉯는 결실이다. (ㄴ. 참)

ㄷ. 구성원 1만 대립유전자 R^*을 가지고 있지 않다. (ㄷ. 참)

18. 정답 ①

생태적 지위가 비슷해질수록 심해지는 것은 '경쟁'이며 한 개체군만 손해를 보는 것은 기생만 해당한다. 경쟁은 두 개체군 모두 손해를 보고 편리 공생은 두 개체 모두 손해를 보지 않는다.

ㄱ. A는 편리 공생이므로 빨판상어와 거북의 예이다. (ㄱ. 참)

ㄴ. 기생, 경쟁, 편리 공생 모두 개체군 간의 상호 작용이다. (ㄴ. 거짓)

ㄷ. 경쟁은 두 개체군 모두 손해를 본다. (ㄷ. 거짓)

19. 정답 ④

$$\frac{1, 2, 5 \text{ 각각의 체세포 1개당 R의 DNA 상대량을 더한 값}}{3, 4, 6 \text{ 각각의 체세포 1개당 R의 DNA 상대량을 더한 값}} < 1 \text{의}$$

조건을 이용해본다.

I) 유전 형질 ㉠이 성염색체 열성인 경우
구성원 1, 2, 5에 의해 모순이 된다.

II) 유전 형질 ㉠이 성염색체 우성인 경우
구성원 1~6의 유전자형을 쓰면 아래와 같다.
$1 - R^*Y$, $2 - RR^*$, $5 - R^*Y$ / $3 - RY$, $4 - R^*R^*$, $6 - R^*Y$ 이다.
$\frac{0+1+0}{1+0+0}=1$이므로 모순이 된다.

III) 유전 형질 ㉠이 상염색체 우성인 경우
$1 - R^*R^*$, $2 - RR^*$, $5 - R^*R^*$ / $3 - RR^*$, $4 - R^*R^*$, $6 - R^*R^*$이다.
$\frac{0+1+0}{1+0+0}=1$이므로 모순이 된다.

IV) 유전 형질 ㉠이 상염색체 열성인 경우
$1 - RR$ 혹은 RR^*, $2 - R^*R^*$, $5 - RR^*$ / $3 - R^*R^*$, $4 - RR$ 혹은 RR^*, $6 - RR^*$ 이다.

$$\frac{1, 2, 5 \text{ 각각의 체세포 1개당 R의 DNA 상대량을 더한 값}}{3, 4, 6 \text{ 각각의 체세포 1개당 R의 DNA 상대량을 더한 값}} < 1 \text{의}$$

조건을 만족시키기 위해 구성원 1의 유전자형 RR^*, 구성원 4의 유전자형이 RR이면, $\frac{1+0+1}{0+2+1}=\frac{2}{3}<1$이므로 성립한다.

따라서 대립유전자 R과 R^*은 상염색체 있으며 유전 형질은 열성이다.
ⓐ, ⓑ, 8 모두 ㉡에 대한 유전자형이 서로 다르므로 상염색체 위에 있을 수 없다. 2에서 ㉡이 발현되었기 때문에 Y 염색체 위에 있을 수 없으므로 유전 형질 ㉡은 X 염색체 위에 있고, 구성원 3, 4, 6에 의해 유전 형질 ㉡은 우성 형질이다. ⓑ는 T^*을 가지고 있으므로 ⓑ의 ㉡에 대한 유전자형은 TT^*, T^*Y, T^*T^* 중 하나이고, ⓐ의 ㉡에 대한 유전자형은 TT^*, T^*T^*, TY, T^*Y 중 하나이다. ⓐ, ⓑ, 8의 ㉡의 유전자형이 모두 서로 다르고 구성원 7과 9에 의해 ⓐ는 ㉡에 대한 유전자형이 TY, ⓑ는 ㉡에 대한 유전자형이 TT^*임을 알 수 있다.
구성원 1~9, ⓐ, ⓑ의 유전자형을 쓰면 아래와 같다.
$1 - RR^*/T^*Y$, $2 - R^*R^*/TT^*$, $3 - R^*R^*/T^*Y$, $4 - RR/TT^*$
$5 - RR^*/T^*Y$, $6 - RR^*/T^*Y$, $7 - RR$ 혹은 RR^*/T^*Y
$8 - RR$ 혹은 RR^*/TT, $9 - R^*R^*/TY$
ⓐ $- RR^*$ 혹은 R^*R^*/TY, ⓑ $- RR^*/TT^*$

ㄱ. ㉠을 결정하는 유전자는 상염색체 위에 있다. (ㄱ. 참)

ㄴ. ⓑ는 ㉠과 ㉡ 중 ㉡만 발현된 여자이다. (ㄴ. 거짓)

ㄷ. ㉡의 형질이 발현될 확률은 $\frac{3}{4}$이고, ㉠의 형질이 발현될 확률은

$$\frac{1}{2}\times\frac{1}{4}+\frac{1}{2}\times\frac{1}{2}=\frac{3}{8}$$이므로 $\frac{3}{4}\times\frac{3}{8}=\frac{9}{32}$이다. (ㄷ. 참)

20. 정답 ③

(가)의 C → 혈중 호르몬 농도 ㉠~㉢이 정상 범위보다 낮으므로, C는 시상하부에 이상이 생겨 티록신 분비 이상이 생긴 생쥐이고 또한 TRH(갑상샘 자극 호르몬)이 정상일 때에 비해 적게 분비되는 것이다.

I) TSH와 티록신 분비가 많게 되는 경우
→ A는 뇌하수체 전엽에서 이상이 생겨 티록신 분비에 이상이 생긴 생쥐
($\because$ TSH 과다 분비 시, 티록신 증가 그리고 TRH 감소)
($\therefore$ ㉢은 TRH)
→ B는 갑상샘에서 이상이 생겨 티록신 분비에 이상이 생긴 생쥐
($\because$ 티록신 과다 분비 시, TRH 감소 그리고 TSH 감소)
($\therefore$ ㉠은 티록신, ㉡은 TSH)

II) TSH와 티록신 분비가 적게 되는 경우
→ A는 갑상샘에서 이상이 생겨 티록신 분비에 이상인 생긴 생쥐
($\because$ 티록신 과소 분비 시, TRH 증가 그리고 TSH 증가)
($\therefore$ ㉢은 티록신)
→ B는 뇌하수체 전엽에서 이상이 생겨 티록신 분비에 이상이 생긴 생쥐
($\because$ TSH 과소 분비 시, 티록신 감소 그리고 TRH 증가)
($\therefore$ ㉠은 TRH, ㉡은 TSH)

(가)와 (나)를 비교 : A는 같음, 즉 ⓐ는 TRH가 아니다.
생쥐 B에서 차이 확인 → ⓐ는 TSH 혹은 티록신인데 ⓐ를 주사한 후 생쥐 B가 정상으로 돌아오기 위해서는 II의 조건과 ⓐ는 TSH 이어야 한다. I)의 조건을 만족하기 위해서는 ⓐ가 티록신 분비를 억제하는 약물 정도가 되어야 한다.

ㄱ. 뇌하수체 전엽은 내분비샘이다. (ㄱ. 거짓)

ㄴ. 뇌하수체 전엽은 TRH의 표적 기관이다. (ㄴ. 거짓)

ㄷ. 정상인(정상 사람)이 고온 자극을 받는다면 티록신(㉢)의 분비량이 감소해 물질대사가 억제되어 열 발생량이 감소하고, 결국 체온이 하강한다. (ㄷ. 참)